浙江智库
ZHEJIANG
THINK TANK

浙江数字化发展与治理研究中心
Center for Research on
Zhejiang Digital Development
and Governance

浙江省数字化改革研究智库联盟

浙江省数字化改革研究

—— 2021年智库报告 ——

The Think Tank Research Report
on Zhejiang Dgital Reform (2021)

浙江数字化发展与治理研究中心◎编

ZHEJIANG UNIVERSITY PRESS
浙江大学出版社
·杭州·

图书在版编目(CIP)数据

　　浙江省数字化改革研究2021年智库报告/浙江数字化发展与治理研究中心编. —杭州：浙江大学出版社，2022.12

　　ISBN 978-7-308-23509-9

　　Ⅰ.①浙… Ⅱ.①浙… Ⅲ.①数字技术－研究报告－浙江－2021 Ⅳ.①TP3

　　中国版本图书馆CIP数据核字(2023)第020464号

浙江省数字化改革研究2021年智库报告

浙江数字化发展与治理研究中心　编

责任编辑	陈佩钰
文字编辑	谢艳琴
责任校对	许艺涛
封面设计	续设计
出版发行	浙江大学出版社
	（杭州市天目山路148号　邮政编码310007）
	（网址:http://www.zjupress.com）
排　　版	浙江时代出版服务有限公司
印　　刷	杭州钱江彩色印务有限公司
开　　本	787mm×1092mm　1/16
印　　张	8
字　　数	130千
版 印 次	2022年12月第1版　2022年12月第1次印刷
书　　号	ISBN 978-7-308-23509-9
定　　价	68.00元

本书编委会

主　编　刘　渊　童　昱

副主编　祝哲淇　许小东　马汉杰

成　员　陈　川　吕佳颖　郭　莹　李　旋

　　　　　董思怡　陈思夏

实践篇案例提供单位（按案例顺序排序）：

浙江财经大学中国政府监管与公共政策研究院

浙江省标准化研究院

浙江数字化发展与治理研究中心

浙江大学管理学院

浙江省工业和信息化研究院

浙江省中小企业服务中心

宁波市镇海区经济和信息化局

浙江大学中国农村发展研究院

浙江省公共政策研究院

技术支撑单位：

杭州码全信息科技有限公司

出版说明

浙江省数字化改革研究智库联盟（以下简称联盟）是贯彻落实浙江省委关于构建大成集智工作机制、开展数字化改革理论与实践研究等各项工作的重要载体。联盟聚焦数字化改革，旨在推动党政机关整体智治、数字政府、数字经济、数字社会、数字法治、数字文化等数字化改革主要领域的基础理论和应用对策研究，为浙江省全面推进数字化改革提供理论支持和智力支撑。

作为联盟牵头单位，浙江数字化发展与治理研究中心（以下简称研究中心）在浙江省委政策研究室和浙江省社会科学界联合会的指导，以及浙江省数字化改革研究智库联盟成员单位的支持下，编撰并出版《浙江省数字化改革研究 2021 年智库报告》（以下简称《报告》）。

《报告》旨在展示浙江省数字化改革在 2021 年的政策进展、理论成果、实践成果和制度成果，以及浙江学者在数字化改革理论突破与创新方面的探索、思考和洞见，分为政策篇、理论篇、实践篇和总结与展望篇。其中，政策篇主要采用政策文献计量研究方法，将文献计量学、社会学、数学、统计学等学科方法引入政策分析中，从宏观层面了解浙江省数字化改革政策落实以来的政策演进规律、政策影响范围、政策实施绩效，把握政策发展趋势。理论篇基于信息系统、管理科学与工程、组织管理等学科体系，从数字化改革的基础属性出发，梳理数字化改革引发的组织边界重构、治理决策范式与治理能力转变情况，从理论上解读数字化如何对省域治理体系和治理能力进行全方位、系统性重塑。实践篇分为数字政府、数字经济和数字社会三章，共选取了 12 个典型实践案例，是浙江省数字化改革实践的缩影，对数字化改革理念认识有重要的实践指导作用。总结与展望篇结合政策、理论、实践情况，总结现有成就，提炼一般规律，展望未来发展。

由于编辑力量和水平有限，编辑过程中难免有错漏之处，敬请批评指正。谨此，《报告》编委会向关心、支持和帮助完成本报告的联盟成员及社会各界朋友表示衷心的感谢与敬意！

浙江数字化发展与治理研究中心

2022 年 9 月

浙江省数字化改革研究智库联盟简介

　　浙江省数字化改革研究智库联盟是贯彻落实浙江省委关于构建大成集智工作机制、开展数字化改革理论与实践研究等各项工作的重要载体。联盟聚焦数字化改革，旨在推动党政机关整体智治、数字政府、数字经济、数字社会、数字法治、数字文化等数字化改革主要领域的基础理论和应用对策研究，为浙江省全面推进数字化改革提供理论支持和智力支撑。浙江数字化发展与治理研究中心为联盟牵头单位。

　　联盟成员单位（按笔画降序排列）：浙江数字化发展与治理研究中心、浙江省科技信息研究院（智江南智库）、浙江省轻工业品质量检验研究院、浙江省标准化研究院浙江省标准化智库、浙江省经济信息中心、浙江省发展规划研究院浙江区域高质量发展战略研究中心、浙江省计量科学研究院、浙江省工业和信息化研究院之江产经智库、浙江财经大学中国政府管制研究院、浙江农林大学浙江省乡村振兴研究院、浙江大学立法研究院、浙江大学公共政策研究院、浙江大学中国数字贸易研究院、浙江大学中国农村发展研究院、绍兴文理学院新结构经济学长三角研究中心、杭州码全信息科技有限公司、杭州电子科技大学浙江省信息化发展研究院、阿里云计算有限公司、中国移动通信集团浙江有限公司、之江实验室、之江网安智库。

浙江数字化发展与治理研究中心简介

浙江数字化发展与治理研究中心为浙江省新型重点专业智库,由浙江省委政策研究室、阿里巴巴(中国)有限公司、浙江大学共建。研究中心以助力浙江省数字经济"一号工程"发展和加快国家数字经济示范省建设进程为目标,聚焦浙江数字化转型实践,深入开展数字技术进步引发社会生产方式和生活方式深刻变革的相关理论、实证与政策研究,提供支撑省委、省政府数字化发展的决策智库服务,将浙江数字化发展打造成"新时代全面展示中国特色社会主义制度优越性的重要窗口"的标志性成果。

前　言

当今世界正处于百年未有之大变局中，新一轮科技革命和产业变革席卷而来，全球分工格局和治理体系加快重塑，信息技术和科技创新正以前所未有的速度融合并渗透到经济社会生活各领域。数字化、网络化、智能化融合发展带来新契机，移动互联与大数据技术促使生产方式、生活方式和治理方式实现全面数字化。

近年来，浙江深入贯彻落实建设"数字浙江"的重大决策部署，在推动"最多跑一次"改革、政府数字化转型的基础上，全面启动数字化改革，努力从整体上推动省域经济社会发展和治理能力的质量变革、效率变革、动力变革。① 数字化改革是浙江深入贯彻落实全面深化改革和数字中国建设决策部署的自觉行动与总抓手，是"最多跑一次"改革和政府数字化转型基础上的迭代深化，是全面深化改革的总抓手、迈向现代化的关键路径、主动塑造变革的新载体、系统化闭环管理的核心工具、"重要窗口"和共同富裕示范区重大任务的标志性成果以及全球数字变革高地的金名片。

《浙江省数字化改革研究 2021 年智库报告》（以下简称《报告》）在浙江省社会科学界联合会和浙江省委政策研究室的指导下，联合浙江省数字化改革研究智库联盟成员单位，由浙江数字化发展与治理研究中心撰写、编排完成。《报告》分为政策篇、理论篇、实践篇及总结与展望篇。政策篇聚焦当

---

① 以数字化改革为牵引迈向数字文明新时代！袁家军在 2021 年世界互联网大会开幕式上致辞.（2021-09-26）［2022-04-21］. https://zjnews. zjol. com. cn/gaoceng _ developments/yjj/zxbd/202109/t20210926_23147794. shtml.

年国家和省委、省政府重要政策,分析 2021 年 2 月 18 日省委、省政府提出数字化改革以来全省数字化改革相关政策的总体分布与聚焦主题;理论篇聚焦数字化研究前沿领域,阐明理论问题,对数字时代的治理变革理论问题进行构建和解读;实践篇根据浙江实践进展情况,阐明实践现状,由浙江省数字化改革研究智库联盟成员单位推荐典型实践案例,选取优秀案例纳入《报告》;总结与展望篇结合政策、理论、实践情况,总结现有成就,提炼一般规律,展望未来发展。

目　录

政策篇

理论篇

实践篇

总结与展望篇

政策篇

从政策逻辑上看,浙江省全面推进数字化改革,是"数字中国"战略在浙江省域治理中的呈现与全面提升。2017 年 12 月 8 日,习近平总书记在主持中共中央政治局第二次集体学习时强调,"推动实施国家大数据战略,加快完善数字基础设施,推进数据资源整合和开放共享,保障数据安全,加快建设数字中国"①。2021 年 3 月,在两会发布的《国民经济和社会发展第十四个五年规划和 2035 年远景目标纲要》中,第五篇就部署了"加快数字化发展 建设数字中国"的目标与任务,指出要围绕"加快数字化发展 建设数字中国"重大战略部署,持续增强数字政府效能,更好激发数字经济活力,优化数字社会环境,营造良好数字生态。②

数字化改革是浙江全面深化改革的总抓手,是塑造变革的核心载体和量化闭环的核心工具,是高质量发展建设共同富裕示范区的核心动力,要深入学习贯彻习近平总书记关于全面深化改革,特别是数字化改革的重要论述精神,"积极运用整体智治、量化闭环的理念、思路、方法、手段破解改革难题"③。

2021 年 3 月 1 日,浙江省委全面深化改革委员会印发《浙江省数字化改革总体方案》④,系统布局全面数字化工作体系,引领各职能部门、各级地方政府深刻把握数字化改革本质要求,在各领域统筹推进数字技术应用和

① 习近平:实施国家大数据战略加快建设数字中国.(2017-12-09)[2022-08-09]. http://jhsjk. people.cn/article/29696290.

② 中华人民共和国国民经济和社会发展第十四个五年规划和 2035 年远景目标纲要.(2021-03-13)[2022-04-13]. http://www.xinhuanet.com/politics/2021lh/2021/03/13/c_1127205564.htm.

③ 袁家军:纵深推进数字化改革 为高质量发展建设共同富裕示范区提供强劲动力.(2022-02-28)[2022-07-09]. https://zjnews.zjol.com.cn/gaoceng_developments/yjjbdj/202202/t20220228_23872160.shtml.

④ 中共浙江省委全面深化改革委员会.浙江省数字化改革总体方案.(2021-03-01)[2022-10-11]. http://www.anji.gov.cn/art/2021/5/24/art_1229518590_3811887.html.

数字时代制度创新。在省委、省政府的统一部署下,各主管部门和各级政府积极落实,从政策层面大胆探索,持续迭代深化对数字化改革理念、思路、方法、机制的认识,以不断创新的数字化改革实践推动政策体系更聚焦、更精准,以不断完善的政策体系为数字化改革向纵深推进提供保障。

在"实践、认识、再实践、再认识"的循环过程中,浙江已形成推进数字化改革的方法路径,积累了对引领数字文明时代、推进数字变革的规律性认识,持续打造适应和引领时代的社会关系新规则、新政策、新机制,围绕党政机关整体智治、数字经济、数字政府、数字社会、数字法治和数字文化六大跑道持续完善政策保障与激励机制。

政策供给是推进浙江省全面数字化改革发展的重要工具,研究政策供给的数量与质量两个基本维度,有助于观察、分析、理解与总结实践行为和效应。因此,政策篇将采用政策文献计量研究方法,将文献计量学、社会学、数学、统计学等学科方法引入政策分析中,从宏观层面了解浙江省数字化改革政策落实以来的政策演进规律、政策影响范围、政策实施绩效,把握政策发展趋势。

数据基础与分析方法

　　本报告所分析的数字化改革相关政策，主要是正文中提及"数字化改革"关键词的政策文件。以"数字化改革"为关键词，以 2021 年 2 月 18 日至 2021 年 12 月 31 日为时间节点，在北大法宝数据库[①]、北大法意数据库，以及省、市、县三级地方政府网站进行检索，筛选后的检索结果为 709 项。[②]

　　本报告主要从时间、政策制定主体层级、地域、政策主题词分布等维度对浙江数字化改革相关政策进行分析。其中，主题词分析时借鉴了文献计量学中对于关键词的研究分析方法，在确定数字化改革政策文献主题词的基础上，通过词频统计分析找出受关注程度高的主题词及其潜在关系。

---

　　① 北大法宝数据库是目前国内成熟、专业、先进的法律法规检索系统。数据库中的地方性法规收录了全国各地方人大常委会、地方行政机关、地方各级人民法院、地方各级人民检察院颁布的地方性法规、自治条例和单行条例、地方政府规章、规范性文件、地方司法文件等。

　　② 检索时间是 2022 年 8 月 5 日。

浙江数字化改革政策发布现状

一、政策时序分布

本报告整理的709项数字化改革相关政策文件的发布时间趋势如图1所示,2021年3月以来,数字化改革相关政策文件发布数量处于较高水平(45项以上),整体呈稳步上升趋势。在响应速度方面,所有发文主体中最早发布数字化改革相关政策文件的是绍兴市人民政府[①],县(市、区)级人民政府中最早发布数字化改革相关政策文件的是诸暨市人民政府[②]。

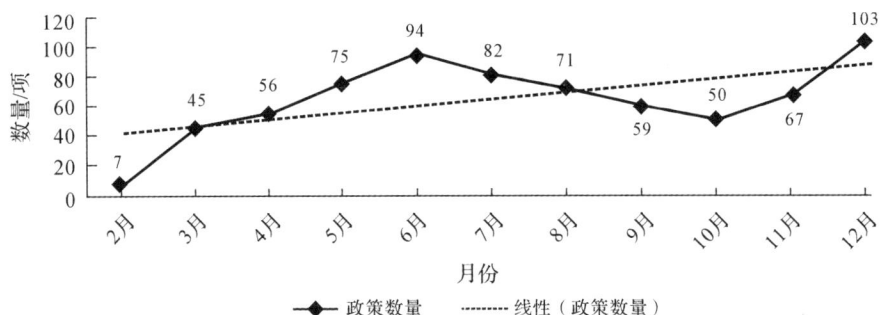

图1　2021年浙江省数字化改革相关政策文件数量演变

---

① 绍兴市人民政府于2021年2月18日发布《绍兴市国民经济和社会发展第十四个五年规划和二〇三五年远景目标纲要》。

② 诸暨市人民政府于2021年3月9日发布《诸暨市人民政府办公室关于印发2021年政府重点工作责任清单的通知》。

二、发文主体分布

数字化改革相关政策文件制定主体(见表 1)主要是浙江省人民政府、浙江省发展和改革委员会、浙江省市场监督管理局、浙江省教育厅、浙江省民政厅、浙江省财政厅、浙江省卫生健康委员会与浙江省经济和信息化厅,以及各地市政府①、各县(市、区)政府②。

表 1　2021 年浙江省数字化改革相关政策文件制定主体与数量(部分)③

政策制定主体	数量/项	政策制定主体	数量/项
浙江省发展和改革委员会	54	金华市人民政府	17
浙江省人民政府	40	绍兴市人民政府	17
浙江省市场监督管理局	38	浙江省财政厅	17
德清县人民政府	21	杭州市人民政府	15
浙江省教育厅	19	浙江省卫生健康委员会	15
浙江省民政厅	19	浙江省经济和信息化厅	13

从政策制定主体级别看(见图 2),在本报告分析的 709 项数字化改革相关政策文件中:省级政策制定主体发布数量最多,占比约为 45.5%;市本级政策制定主体发布数量居第二,但 11 个地市间的发布数量存在较大差距④,其中宁波市本级政策制定主体发布数量最多(116 项);县(市、区)级政策制定主体发布 192 项,其中德清县政策文件发布数量最多(21 项)。

---

① 金华市人民政府共发布 17 项数字化改革政策文件,在 11 个地级人民政府中发布量最高,绍兴市人民政府和杭州市人民政府分别位列第二位与第三位。

② 德清县人民政府共发布 21 项数字化改革政策文件,在 90 个区县级人民政府中发布量最高,嵊州市人民政府、长兴县人民政府、诸暨市人民政府并列第二位,发布数量为 11 项。

③ 含联合发文数量。

④ 11 个市本级政策制定主体发布的数字化改革政策文件数量分布:杭州 53 项,宁波 116 项,温州 9 项,绍兴 25 项,湖州 11 项,嘉兴 11 项,金华 20 项,衢州 20 项,台州 15 项,丽水 8 项,舟山 15 项。

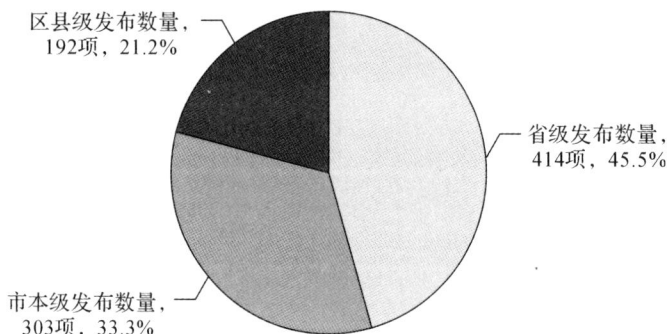

图 2　数字化改革相关政策文件数量省、市、县三级分布情况①

　　2021 年,浙江省人民政府发布了 40 项数字化改革相关政策文件。在如图 3 所示的分布情况中,浙江省发展和改革委员会与浙江省市场监督管理局两个省级制定主体发布量最高,分别为 54 项(约占 13.0%)和 38 项(约占 9.2%)。

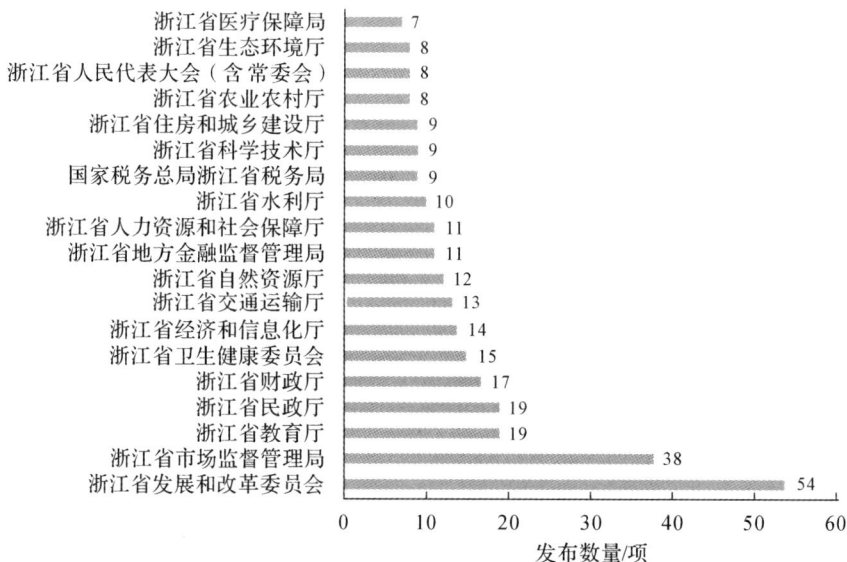

图 3　数字化改革相关政策文件省级制定主体分布情况②

---

①　本报告共分析 709 项数字化改革相关政策,其中包含省、市、县(市、区)级政府联合发布的相关政策。在省、市、县(市、区)分级政策数量统计中,因联合发文数据重复计入,故图中数据总和会大于本报告分析的样本数量。

②　该图显示发布 7 项及以上数字化改革相关政策文件的省级机构。

从政策效力级别上看(见图4),地方工作文件数量最多、占比最高(495项,约占 69.8%),地方规范性文件次之(204项,约占 28.8%),省级地方性法规、地方司法文件、设区的市地方性法规和地方政府规章均较少。

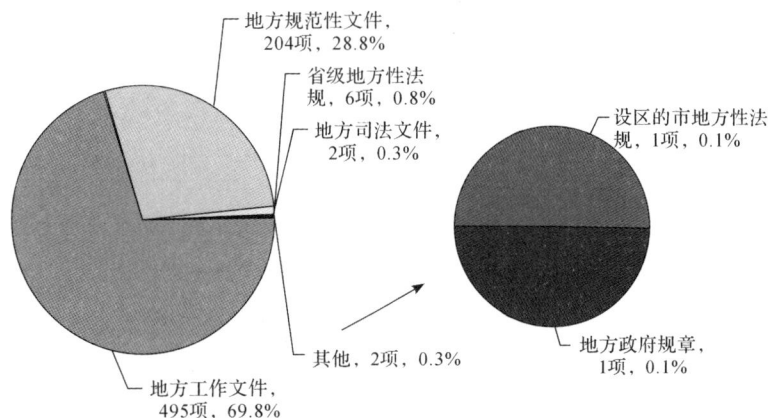

图4　数字化改革相关政策文件效力级别分布情况

三、政策地域分布

从各地市发布的数字化改革相关政策文件数量来看,宁波、绍兴、杭州三个地市的发布量最高(见图5),分别为 116 项(约占 23.4%)、67 项(约占13.5%)、57 项(约占 11.5%)。

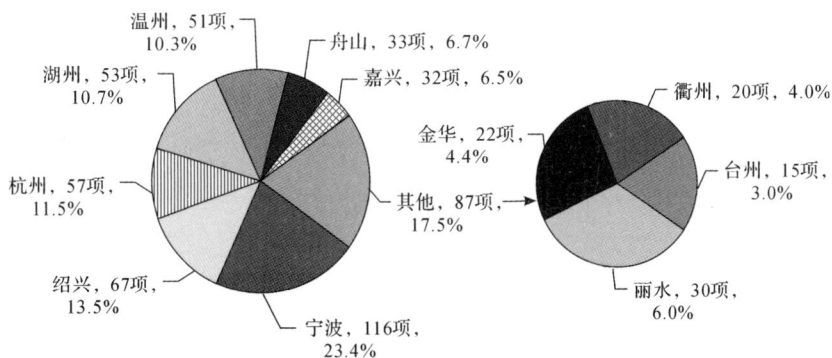

图5　数字化改革相关政策文件数量各地市分布情况①

① 此处统计的各地市发布的数字化改革政策文件数量包含市本级政策制定主体的发布数量和市所辖县(市、区)政策制定主体的发布数量。

四、联合发文情况

2021 年数字化改革相关政策联合发文共有 95 项，占 13.40％。其中，国家部委和省级职能部门联合发文 1 项[①]，其余均为本级单位联合发文。联合发文能体现协作性府际关系，由部门职能分工的互补性及业务流程的上下游关系决定，浙江省联合发文现状主要体现了部门职能分工的互补性关系（见表 2）。

表 2　数字化改革相关政策联合发文机构分布[②]

联合发文机构	数量/项	联合发文机构	数量/项
浙江省发展和改革委员会	43	浙江省自然资源厅	7
浙江省财政厅	15	中共杭州市委	7
浙江省卫生健康委员会	10	国家税务总局浙江省税务局	6
浙江省经济和信息化厅	9	浙江省教育厅	6
浙江省人力资源和社会保障厅	8	浙江省农业农村厅	6
浙江省市场监督管理局	8	浙江省医疗保障局	6
杭州市人民政府	7	浙江省生态环境厅	5

综合以上分析，自 2021 年 2 月 18 日省委、省政府推行数字化改革以来，尽管数字化改革政策文件总体发布情况呈较好态势，在省、市、县三级落实情况也较为平衡，但地市级政府机构间和县（市、区）政府机构间仍存在较大差距。为更好地衡量数字化改革政策推行成效与落实情况，本报告将对数字化改革政策内容进行主题词分析，为进一步推动数字化改革更好地在全省范围内落实提供政策分析参照依据。

---

①　文化和旅游部、浙江省人民政府关于印发《关于高质量打造新时代文化高地推进共同富裕示范区建设行动方案（2021—2025 年）》的通知。

②　本表只显示联合发文 5 项及以上的机构。

浙江数字化改革政策内容分析

为更好地总结与分析数字化改革相关政策在不同时间和地域的发展规律,本章将对浙江省数字化改革相关政策按季度(2—3月、4—6月、7—9月以及10—12月)①和地域(杭州、宁波、温州、绍兴、湖州、嘉兴、金华、衢州、台州、丽水、舟山)分别进行主题词提取与分析。②

一、高频主题词

出现频次排名前30的主题词如表3所示,其中:"数字化"出现频次最高,为5372次;"知识产权""制造业""产业链"三个主题词分别居第二、三、四位,出现次数分别为2147、2040、1715次。就主题词分布而言,出现频次排名前30的主题词主要聚焦在数字经济与数字社会领域,党政机关整体智治、数字政府、数字法治等数字化改革其他领域的主题词相对较少。

表3 浙江省数字化改革相关政策高频主题词

主题词	频数/次	主题词	频数/次	主题词	频数/次
数字化	5372	科技创新	1190	产业园	806
知识产权	2147	共同富裕	1179	宣传教育	805

① 1月不纳入是因为第一次数字化改革大会的召开时间是2021年2月18日,故从2月开始统计。

② 经分析,"数字化"是各时段、各地区出现频率最高的关键词,为更清晰地展示和分析主题词分布规律,本章所呈现的主题词分布图为去除"数字化"关键词后的其余主题词词频分布图。

续表

主题词	频数/次	主题词	频数/次	主题词	频数/次
制造业	2040	服务业	1124	高新技术	801
产业链	1715	数字经济	1094	服务体系	783
基础设施	1590	老年人	980	公共卫生	772
标准化	1460	安全生产	957	服务中心	766
生态环境	1409	交通运输	929	企业家	759
公共服务	1371	规范化	882	医疗卫生	703
自然资源	1346	法律法规	826	服务平台	694
养老服务	1208	应急管理	824	人工智能	689

　　总体而言,数字化改革相关的主题词分布情况如图 6 所示。"知识产权""制造业""产业链""基础设施""标准化""生态环境"和"公共服务"等为高频关键词,表明 2021 年度浙江省有较多数字化改革相关政策关注这些主题。

图 6　浙江省数字化改革相关政策主题词分布

二、主题词时序特点

　　对 2021 年数字化改革的主题词按季度提取与分析后,得出如图 7 所示的主题词分布情况。在去除"数字化"关键词后,从图 7 的四张小图中可以看出:"法律法规""宣传教育"和"自然资源"是第一季度出现频次最高的主题词;"知识产权""服务业"和"地质灾害"为第二季度出现频次最高的主题词;"基础设施""制造业""产业链"和"标准化"为第三季度出现频次最高的主题词;"制造业""产业链""生态环境"和"共同富裕"为第四季度出现频次最高的主题词。

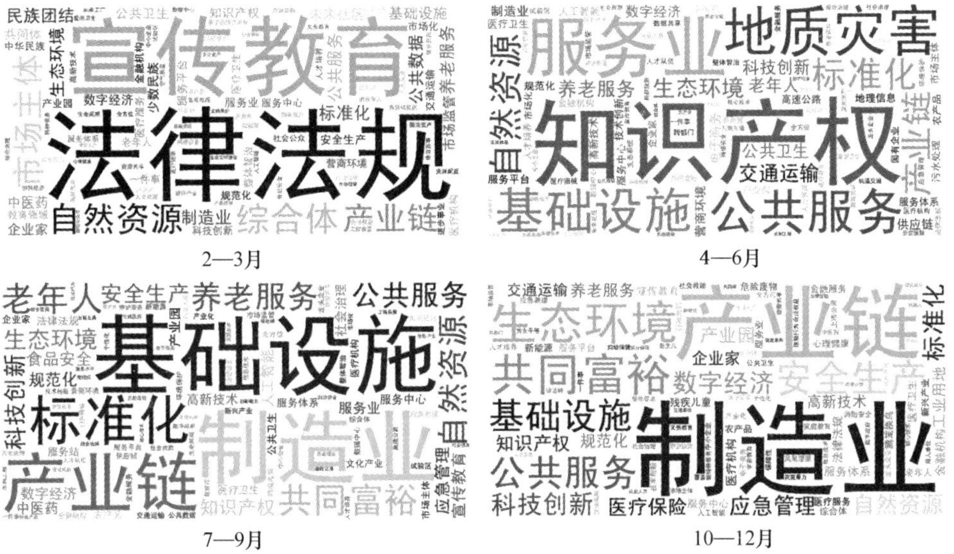

图 7　数字化改革主题词季度分布

总体而言,"养老服务""老年人"等主题词在四个季度中出现频次均较高,这与省委、省政府"打造'浙里长寿'金名片"的部署较为一致。[①] 从第三季度开始,"共同富裕"主题词出现频次快速上升[②],并成为出现频次最高的主题词之一。

---

①　浙江省委、省政府以养老服务为着力点,认真贯彻落实积极应对人口老龄化国家战略,着眼共同富裕示范区建设,推进基本养老服务触手可及、优质养老服务有效供给,高水平建成"幸福颐养标杆区",全力打造"浙里长寿"金名片。

②　2021 年 6 月 10 日,中共中央、国务院发布《关于支持浙江高质量发展建设共同富裕示范区的意见》;7 月 19 日,《浙江高质量发展建设共同富裕示范区实施方案(2021—2025 年)》发布。这两项政策文件的发布可能是"共同富裕"主题词自 7 月开始出现频次骤升的原因。

三、地方政策主题词分布

为研究数字化改革相关政策主题词在 11 个地市的分布差异，对主题词按地区提取并进行分析后，得出如图 8 至图 10 所示的主题词分布情况。

图 8　杭州、宁波、温州、绍兴数字化改革主题词分布

图 9　湖州、嘉兴、金华、衢州数字化改革主题词分布

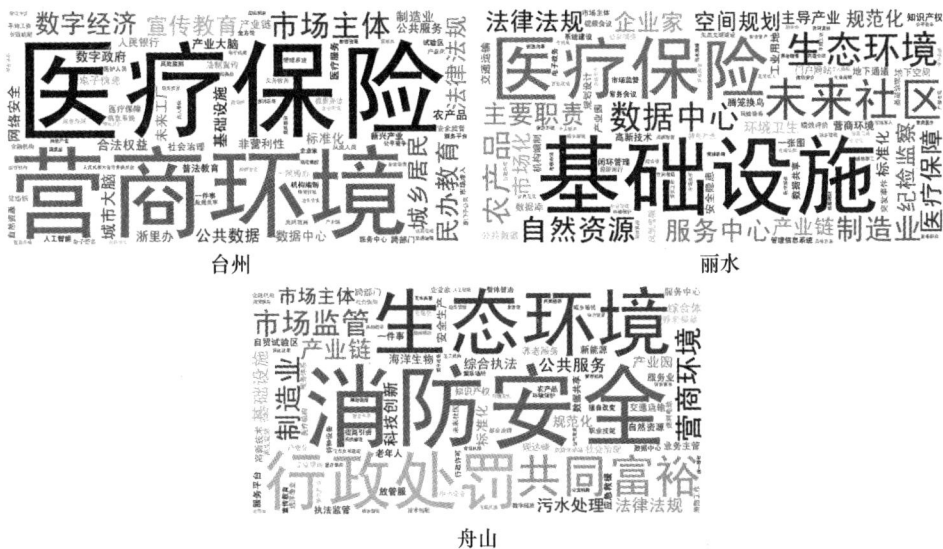

图 10 台州、丽水、舟山数字化改革主题词分布

杭州数字化改革政策高频主题词包括"老年人""中医药""养老服务""共同富裕"和"照护服务"等。杭州作为中医药起源地之一,2021 年从中医药"数智""服务"两端发力,通过构建中医大脑,彰显杭州数智治理优势,打造中医药数字化改革高地。自 2021 年初开始,在推进共同富裕,尤其是保障老年人享受更好的晚年生活方面,杭州按照全国示范性老年友好型社区创建工作要求,围绕改善老年人居住环境、方便老年人日常出行、提升为老年人提供服务的质量、扩大老年人社会参与、丰富老年人精神文化生活、提高为老年人提供服务的科技化水平以及管理保障六个方面内容,在全市建成"杭州市老年友好型社区"50 个,致力于让老年人"老有所养",推进共同富裕。

2021 年,宁波在各地市中发布的数字化改革政策文件数量最多,主题词分布也较为多元,高频主题词包括"自然资源""法律法规""宣传教育""数字档案""养老服务"和"共同富裕"等。2021 年 4 月,宁波市自然资源和规划局印发数字化改革工作方案,夯实自然资源"一张网",建设涵盖自然资源和规划大数据"一张图",有四个案例入选 2021 年度全省自然资源系统改革创新优秀案例名单；宁波高度重视数字档案馆建设工作，全市 11 家综合档案馆 100％建成国家高水平数字档案馆；宁波还以列入全国首批居家和社区养老服务改革试点地区为契机，不断完善和提升居家养老服务，以老年群体的幸福感、安全感彰显共同富裕成效。

温州数字化改革政策高频主题词包括"制造业""产业链""服务中心""应急管理"和"自然资源"等。制造业是温州立市之基，强市之本。2021年，温州以数字化改革引领制造业全方位转型、系统性重塑，实施"制造业发展双轮驱动"战略，促进制造业数字化转型，推动 5G、工业互联网等新兴技术赋能传统产业绿色低碳发展，加快传统制造业企业整合升级。在新一轮制造业"腾笼换鸟、凤凰涅槃"攻坚行动中，温州加快低效用地整治提升，统筹安排工业用地，鼓励存量工业用地盘活"提容增效"，强化工业用地集约利用。在应急管理方面，温州将数字化改革贯穿应急管理全领域、各环节，迭代升级"智慧应急一张图"平台，各县（市、区）根据经济发展、产业结构及自然环境差异，试点探索形成一批实用、好用的应用场景，其中，平阳县打造的应急"物资码"应用场景被列为"浙江应急物资在线"应用试点。在自然资源方面，温州 2021 年落实耕地保护、林业资源保护和"两统一"管理，启动自然资源统一确权登记工作，开发不动产智治应用、"天空地"态势感知综合场景、土地执法监测和建设用地批后监管场景以及建设用地全生命周期服务管理场景等，以数字赋能创新举措惠及民生。

绍兴数字化改革政策高频主题词包括"服务业""公共卫生""数字经济""产业链""应急管理""文化产业"和"制造业"等。"十四五"期间，绍兴致力于打造成为新旧动能接续转换、集群智造跨越升级的样板城市，推动数字经济与实体经济、先进制造业与现代服务业、三大产业深度融合，在促进现代服务业创新发展方面提出了相关目标和举措。2021 年，绍兴通过深挖事故发生源头、深耕核心业务指标、深谋四个体系改革，集中精力打造安全生产"遏重大、控较大"数字化协同应用，构建救灾物资智慧管理平台和应急管理防灾减灾数字平台，探索形成了一套具有绍兴特色的应急管理体系。在数字经济领域，绍兴探索推进数字经济系统建设，加快构建以数字经济为核心的现代化经济体系：2021 年，绍兴共有 6 个产业集群（区域）入选 36 个省级新智造试点,入选数位居全省第一;浙江医药、卧龙电驱、亿田厨电成功入选省级"未来工厂"试点。成为数字化提升浙江制造竞争力的典型案例。在公共卫生方面,绍兴完善公共卫生应急体系,深化医药卫生体制改革,聚力建设健康绍兴,全力争创省中医药综合改革先行区,通过第五次国家卫生城市复审,并被评为全国健康城市建设样板市。

湖州数字化改革政策高频主题词主要是"制造业""产业链""知识产权""生态环境"和"食品安全"等。近年来,湖州致力于推动制造业数字化转型,围绕"高端化、数字化、绿色化"改造方向推动制造业全域技术改造,全面提升企业生产制造数字化、网络化、智能化水平。2021年,湖州数字经济系统建设条线考评位列全省第一。在知识产权方面,湖州创新运用"智慧城市＋区块链＋公证"模式,开发并推出一站式互联网电子证据应用平台——"清云法链"智慧存,为本地企业开通了异地知识产权保护链上存证服务,通过该服务,公证员在德清现场操作手机端就可实现远程取证,节省了司法资源和企业的维权成本。在食品安全领域,针对传统的线下执法模式与新时代执法工作要求间存在的不相适应的问题,湖州提出食品违法案件"简案快办"掌上执法模式,守护舌尖上的安全,并获全省推广实施;2021年以来,湖州还以数字化改革为牵引,聚焦食品安全重点领域全链条监管,在全省率先启动基层食品安全风险综合治理,逐步建立起食品安全全程追溯闭环监管体系。

嘉兴数字化改革政策高频主题词主要为"食品安全""共同富裕""服务业""公共服务"和"文物保护"等。在食品安全领域,嘉兴持续推动食品安全数字化协同场景应用,推出"一店一码"数字化监管模式、"安心暖心便当"行动等,加快推进食品安全全流程监管集成改革,高质量推进食品企业"浙食链"、阳光工厂、CCP上链等工作,打造食品安全共治新格局。在文物保护领域,嘉兴市共有人类非物质文化遗产代表作2项,国家级非物质文化遗产项目15项,省级非物质文化遗产项目70项,嘉兴市文化广电旅游局于2021年4月发布《嘉兴市非物质文化遗产数字化改革方案》,全面推进非物质文化遗产的创新性发展和创造性转化;2021年,嘉兴正式施行《嘉兴市大运河世界文化遗产保护条例》,稳步推进江南水乡古镇联合申遗,积极推动

"海宁海塘·潮文化景观"联合申遗,推进世界文化遗产申报和管理工作,基本建立文化遗产保护体系。2021 年,嘉兴 7 个集聚区入选首批浙江省现代服务业创新发展区,数量位列浙江第一,规模以上数字服务业营收增速达 15.3%。

金华数字化改革政策高频词包括"制造业""产业链""科技创新""医疗保险"和"共同富裕"等。作为制造业大市,金华制造业门类齐全、体系完整,企业数量超 43.2 万家,年产值百亿元以上产业集群 16 个。2021 年,金华加快推进先进制造业基地建设,出台《金华市人民政府关于加快推动制造业高质量发展的若干政策意见》,深化先进制造业和现代服务业融合发展,强化数字赋能,加快电子信息制造业发展。在科技创新方面,金华"揭榜挂帅"云平台按照省里统一部署,为"浙里关键核心技术攻关应用"做好企业技术需求公共平台协同工作,主要提供企业技术需求的"寻榜""发榜""揭榜"等服务。在医疗保险方面,金华将全民安心医保城市作为民生保障数字化改革重大项目推进,聚焦百姓看病就医的"关键小事",谋划推出"安心医保支付"应用。在共同富裕示范区建设的起步之年,金华市委、市政府印发了《金华高质量发展推进共同富裕先行示范实施方案(2021—2025 年)》。金东区"飞地"抱团,助力百村消薄;兰溪市游埠镇解码早茶文化,开拓共富新路径;东阳市政企合力、产城融合,横店努力建设共同富裕示范乡镇;永康市构建"五聚"体系,赋能农村电商;浦江县深化"家风指数"评价体系,提升社会治理效能;武义县坚持发展"超市经济"30 年,壮大万人商帮百亿产业,带动山民致富增收。①

衢州数字化改革政策高频主题词包括"产业链""共同富裕"和"制造业"等。2021 年,衢州市人民政府办公室发布《衢州市工业高质量发展"十四五"规划》,提出以产业基础高端化、产业链现代化为核心,推进衢州制造业发展质量变革、效率变革、动力变革,围绕产业链部署创新链、人才链、政策链、资金链,推进产业链协同创新,推动产业链、创新链、供应链融合应用;同时,推进先进制造业集群发展,打造衢州制造业未来发展新优势。衢州从自

---

① 陈浩洋,胡睿哲,刘小刚.共同富裕的金华探索.金华日报,2022-02-19(1).

身时代背景、历史方位和发展进程出发,提出了全力打造四省边际共同富裕示范区的战略目标①,聚焦共同富裕示范区建设中的重点、难点、关键点,构建完善的现代产业体系、创新生态体系、新时代开放开发体系,聚焦教育、医疗、住房三大热点,持续加大民生投入,加强弱势群体的兜底服务和优质资源的均衡布局,并在全省率先启动乡村未来社区建设,打造诗画浙江大花园的最美核心区。在高速公路方面,衢州市人民政府办公室发布了《衢州市综合交通运输发展"十四五"规划》,推进交通基础设施数字化改造,对衢黄高速公路的通信网络进行了全面升级,确保现有各系统设备平台全时段在线的稳定运行,而且实现了对全路网状态的实时监控。

台州数字化改革政策高频关键词主要为"医疗保险""营商环境""市场主体""民办教育"等。在医疗领域,为健全完善多层次医疗保障体系,进一步提升参保人员医疗保障水平,台州以切实行动不断推进:2021 年 3 月发布《台州市商业补充医疗保险实施方案(试行)》;推出"台州利民保"普惠型商业补充医疗保险,作为高质量发展建设共同富裕先行市进程中医疗保障领域的重要举措;11 月审议通过《台州市全面做实基本医疗保险市级统筹实施方案》,从 2022 年 1 月 1 日起,全市实行基本医疗保险市级统筹,实现制度政策统一、基金统收统支、管理服务一体,做到全市范围内执行统一的职工基本医疗保险、城乡居民基本医疗保险政策,实现参保人依法公平享受相应的基本医疗保险待遇②。在营商环境方面,台州积极利用数字平台优化企业办事流程,通过多项举措优化营商环境:推出"企业码",实现政府政策与市场主体的精准对接,推动实现省、市可兑现政策一网查询、一网兑现、一网评价的全闭环;实施数字变革、窗口形象、信用有价等十大标志性工程;在市场经营主体密集场所建立营商服务中心,设置引导咨询、综合受理、自助服务、网办掌办等功能区域,提高企业办事以及享受政策的便利度,实现"办事不出园"。2021 年发布的《台州市教育事业发展"十四五"规划》和《台

---

① 于山,汪耘.衢州谋划"八个新突破".浙江日报,2021-08-19(1).

② 台州市人民政府办公室关于印发台州市全面做实基本医疗保险市级统筹实施方案的通知.(2021-12-10)[2022-08-10]. http://www.zjtz.gov.cn/art/2021/12/10/art_1229564401_1663113.html.

州市人民政府关于支持规范社会力量举办教育促进民办教育健康发展的实施意见》两项文件对民办教育发展进行了规划,实施民办教育"支持规范"行动,建立分类管理制度,优化支持规范机制,组织开展各类有利于民办教育事业发展的活动,培育优质民办教育资源,强化民办教育督导,优化民办教育发展环境。

　　丽水数字化改革政策高频主题词包括"基础设施""医疗保险"和"未来社区"等。2021 年,丽水构建全市共建共享基础设施体系、数据资源体系、应用支撑体系,聚力数字新基建,实施数字基础支撑工程,并全面升级通信网络基础设施,推动算力基础设施建设,建设融合型智能化基础设施,构建严密、可靠的网络安全防护体系。在医疗保险方面,丽水市人民政府办公室发布《丽水市全面做实基本医疗保险市级统筹实施方案》,全面做实基本医疗保险市级统筹,实现基本医疗保险高质量、可持续发展,坚持以数字化改革为牵引,进一步深化医疗保障制度改革,实现基本医疗保险市级统筹,提高市域基本医疗保障的公平性和协调性,增强基本医疗保险基金区域的共济能力和使用效率,推动医疗保障治理现代化,不断增强人民群众的获得感、幸福感、安全感。[①] 在未来社区建设方面,丽水开通"未来 e 家"未来社区智慧服务平台,旨在解决疫苗接种排队等待时间长、设备维修找不到人、想对比菜价等较为烦琐的民生问题,设置了幼有所育、学有所教、劳有所得、住有所居、文有所化等 12 个不同类别的服务场景,为居民提供线上线下相结合的闭环服务,为未来社区提供数字化的便民服务支撑。

　　舟山数字化改革政策高频主题词包括"消防安全""生态环境""行政处罚"和"共同富裕"等。为让城市消防安全综合治理紧跟城市发展步伐,着力提升城市消防安全水平,舟山市多措并举,积极探索城市消防安全综合治理工作模式。在生态环境方面,舟山坚持生态优先、绿色发展,高水平构建"党建红"引领"生态绿"新格局,夯实群岛新区生态基础,建立环境问题发现整

---

① 丽水市人民政府办公室关于印发丽水市全面做实基本医疗保险市级统筹实施方案的通知.(2021-11-23)[2022-08-10]. http://www.lishui.gov.cn/art/2021/11/23/art_1229283446_2376299.html.

改机制,推出"智慧河湖管理"场景应用等,探索制度化数字化改革新路径,在全国率先制定《舟山市港口船舶污染物管理条例》,服务经济社会发展。在行政处罚领域,舟山以"三抓手"推动新修订的《行政处罚法》顺利实施,推进"大综合一体化"行政执法改革,实施执法事项综合集成,将档案、发改、公安、水利、林业、经信、科技、民宗、民政、建设、人力社保、退役军人事务、粮食物资、气象、地震、消防救援等16个领域的法律、法规、规章规定的行政处罚权及与之相关的行政强制权全部或部分交由综合执法部门行使,推广"互联网+监管"系统和行政处罚办案系统、推进"证照分离"改革。此外,舟山市委、市政府印发《舟山高质量发展建设共同富裕示范区先行市实施方案(2021—2025年)》,绘制了共同富裕"舟山路线图":建设海洋经济高质量发展高地,明确深入实施制造业产业基础再造和产业链提升工程,并通过政策化服务保障打造最优营商环境、数字化赋能助推民营企业转型升级和品牌化提升民营企业精神品质的"三化",放大民营经济的"造富属性",夯实共同富裕根基底盘;提出打造海岛公共服务样板,加强公共服务体系建设,高品质推进城市基础设施建设,满足全市人民对美好生活的需求。

四、山区县与非山区县主题词分布

山区26县能否实现跨越式高质量发展、能否取得标志性成果,事关现代化先行和共同富裕示范区建设全局。[①] 2021年,山区26县共发布数字化改革相关政策文件31项,政策主要聚焦跨越式高质量发展五年行动计划、各类"十四五"规划、"大综合一体化"行政执法改革、"腾笼换鸟、凤凰涅槃"等主题,具有较为鲜明的山区县特色。高频主题词为"基础设施""应急管理""生态环境""安全生产""自然资源"和"制造业"等,这些高频主题词也反映出山区县在森林防火和防汛、矿山监管方面压力较大,但具有高质量发展

---

① 袁家军:聚焦特色 一县一策 超常规推动山区26县高质量发展共同富裕. (2021-07-19) [2022-09-10]. https://zjnews. zjol. com. cn/gaoceng _ developments/yjj/zxbd/202107/t20210719 _ 22819284. shtml.

的后发优势等。

2021 年,90 个县(市、区)共发布 192 项数字化改革政策文件,除山区 26 县发布的 31 项外,其余县(市、区)发布的 161 项数字化改革政策文件中的高频主题词包括"制造业""产业链""基础设施""生态环境""安全生产""应急管理"和"数字经济"等(见图 11)。总体而言,山区县与非山区县的数字化改革高频主题词有部分重合,如"制造业""产业链""基础设施""生态环境""安全生产"和"自然资源"等,这反映出县(市、区)政府所发布的较多政策都关注这些主题。

山区县　　　　　　　　　　　　　　　非山区县

图 11　山区县与非山区县数字化改革政策主题词分布

政策篇分析小结

2021 年,浙江省共发布 709 项数字化改革相关政策文件,每月发布数量总体呈上升趋势。其中,省、市两级机构政策文件发布数量居多,约占 45.5%。宁波、绍兴、杭州三个地市政策文件发布量最高。

2021 年,省级政府部门发布了医疗资源配置、区块链技术和产业发展、自然资源发展、贸易发展、循环经济发展、知识产权发展、城市内涝治理、应急物资保障、老龄事业发展、信息通信业发展等 53 项"十四五"规划,为"十四五"时期浙江省发展开好局、起好步做好规划。省级层面部分重要政策如表 4 所示,为数字化改革在全省各层面、各地域、各领域实践落地提供政策性指引。

表 4 2021 年数字化改革重要政策节选

标题	发布时间
《浙江省数字化改革总体方案》	2021 年 3 月 1 日
《浙江省数字基础设施发展"十四五"规划》	2021 年 3 月 31 日
《浙江省数字政府建设"十四五"规划》	2021 年 6 月 4 日
《浙江省数字经济发展"十四五"规划》	2021 年 6 月 16 日
《数字化改革 公共数据目录编制规范》	2021 年 7 月 5 日
《数字化改革术语定义》	2021 年 7 月 5 日
《浙江省数字化改革标准化体系建设方案(2021—2025 年)》	2021 年 7 月 1 日
《浙江省标准化条例》	2021 年 7 月 30 日
《浙江省综合行政执法条例》	2021 年 11 月 25 日

　　根据主题词分析发现,政策演化呈现出"省—地"扩散的演化路径,地方数字化改革政策发布受省级层面政策影响,政策演化呈现出自上而下的驱动特征。例如,省人民政府 6 月印发《浙江省数字政府建设"十四五"规划》,明确提出"加强政务公开和公众参与,提高政府公信力"的要求,随后,丽水、金华、杭州、衢州和宁波等市级人民政府与有关职能部门,以及云和县、龙泉市、诸暨市、青田县和嵊州市等县级人民政府与有关职能部门也都相继出台了政务公开的相关政策。

　　此外,不同地区数字化改革政策发布具有明显的地域差异,主要与各地的优势产业相关,存在路径依赖特征,产业发展有利于同领域的政策落地。例如:杭州在中医药、数据资源治理体系建设等方面具有先发优势,构建了"中医大脑"彰显杭州数智治理优势,打造中医药数字化改革高地;以制造业作为立市之基、强市之本的温州市政府及多个县(市、区)政府均发布了新一轮制造业"腾笼换鸟、凤凰涅槃"攻坚行动实施方案,以及围绕工业企业"亩均论英雄"等主题的数字化改革相关政策。可见,各地数字化改革政策的发布与优势产业、建设基础等因素有较大相关性,能体现出产业基础驱动的政策演化路径。

　　2021 年,省、市、县(市、区)各级政府及有关职能部门积极落实省委、省政府关于数字化改革的部署,在政策层面大胆探索,高质量推进数字化改革,从技术理性走向制度理性,坚持需求导向、问题导向和效果导向,提升工作效率和治理能力,激发全省发展活力,不断提高群众的获得感。

理论篇

2021年2月18日,时任浙江省委书记袁家军在全省数字化改革大会上指出:"数字化改革是围绕建设数字浙江目标,统筹运用数字化技术、数字化思维、数字化认知,把数字化、一体化、现代化贯穿到党的领导和经济、政治、文化、社会、生态文明建设全过程各方面,对省域治理的体制机制、组织架构、方式流程、手段工具进行全方位、系统性重塑的过程。"①

一年来,数字化改革纵深推进,实践、理论和制度成果不断涌现,要不断以理论创新引领变革性实践,畅通"实践、认识、再实践、再认识"的螺旋式上升通道,持续完善数字化改革的理论体系和制度规范体系,以更丰富完备的理论体系和更加成熟、更加定型的制度规范体系,推进数字化改革实践持续深化,努力建成全球数字变革高地,成为"重要窗口"的重大标志性成果。

理论篇基于信息系统、管理科学与工程、组织管理等学科体系,从数字化改革的基础属性出发,梳理数字化改革引发的组织边界重构、治理决策范式与治理能力转变情况,从理论上解读数字化如何对省域治理体系和治理能力进行全方位、系统性重塑。

---

① 袁家军:全面推进数字化改革 努力打造"重要窗口"重大标志性成果. (2021-02-18)[2022-07-21]. https://zjnews. zjol. com. cn/gaoceng_developments/yjjbdj/202102/t20210218_22130432. shtml.

数字化改革基本认知

　　浙江数字化改革以推进省域治理体系和治理能力现代化为目标,以实现跨层级、跨地域、跨系统、跨部门、跨业务的高效协同为突破,以数字赋能为手段,通过高效整合数据流,科学改造决策流、执行流、业务流,推动各领域工作体系重构、业务流程再造、体制机制重塑。[①] 本章从数字化改革体系架构与基本路径、数据融合的基本要求和数字变革的环境特征三个角度解读数字化改革的基础属性。

一、体系架构与基本路径

　　数字化改革的体系架构在"1512"新体系的基础上增加了"数字文化"系统,形成了"1612"体系。第一个"1"即一体化、智能化公共数据平台;"6"即党建统领整体智治、数字政府、数字经济、数字社会、数字文化、数字法治六大系统;第二个"1"即基层智治系统;"2"即理论和制度两套体系。其中,"6+1"系统作为数字化改革的主战场,根据中央和省委重大任务,设置若干条跑道,加快推进核心业务数字化全覆盖;各地各部门在跑道内创新创造,谋划开发数字化应用,形成体系化、规范化推进的良好态势。

　　数字化改革从内涵来看,是技术理性向制度理性的新跨越;从领域来看,其实现了全方位、全过程、全领域的数字化改革跨越;从价值来看,其能

---

　　① 袁家军.以习近平总书记重要论述为指引 全方位纵深推进数字化改革.学习时报,2022-05-18(1).http://paper.cntheory.com/html/2022-05/18/nw.D110000xxsb_20220518_1-A1.htm.

够树立数字意识和思维、培养数字能力和方法、构建数字治理体系和机制等，主动引领全球数字变革的跨越。

二、数据融合的基本要求

数据融合是数字化改革构建数字生态的重要基础，是强化数据治理、建立健全问题数据治理闭环管理机制、深化数据资源开放共享的基石。[①] 中共中央、国务院于 2020 年 4 月 9 日印发的《关于构建更加完善的要素市场化配置体制机制的意见》将数据归为一种新型的生产要素。正确理解数据，尤其是大数据的内涵特性，以及大数据赋能的管理决策及治理方式的变革，可以为厘清数字化发展路径提供理论基础。

数据融合需要将各部门各类别的多维数据源汇集、沉淀。政府内部跨部门的互联互通、政府与外部组织及民众之间的数据互动、协同与合作创新等信息都需要实时采集，在个体、组织、社会维度形成各式标签。同时，感知技术、传感技术、采集技术的快速发展也使得数据的呈现类型出现多维度特征。通过物联网、移动终端、互联网、社交媒体等形式获取的数据不仅仅局限于传统的结构化数据（例如交易数据等），大量半结构化及非结构化数据（例如文本、图片、视频、音频等）也纷纷涌现。

数据融合需要提升数据处理的高速性。在各类感知器、传感器采集的大规模与多样的大数据的基础上，响应、处理与挖掘此类数据需要高速的能力，因为在很多情况下需要进行实时分析。例如：智慧交通需要能够对道路车流情况进行实时数据采集与处理，以判断道路拥堵程度；在外卖在线的情境下，需要对监控餐馆所遇到的问题进行实时分析及预警。

数据融合需要深度挖掘数据的内在价值。大数据的价值密度低是其典型特征之一。虽然大数据所拥有的全量数据潜力巨大，但是有价值的数据占比很小。大量不相关的数据往往会增加价值挖掘的难度，故需要借助人工智能、数据挖掘等方法进行深度分析，并应用到特定领域场景中。

---

① 陈畴镛. 数字化改革的时代价值与推进机理. 治理研究,2022(4):18-26.

三、数字变革的环境特征

数字化改革是全方位、全过程、全领域的改革跨越。数字应用具有外部技术环境变化快、更新迭代周期短等特点。起源于军事领域的 VUCA 刻画并描述了当代组织(政府、企业、社会团体等)所处的社会环境的四大特征属性。了解其有助于厘清数字化改革所面对的充满挑战的外部环境。

波动性(volatility):组织所处的外在环境是充满变化的。外在环境的激变以及所处行业竞争的加剧往往会给组织带来持续的、新的挑战。

不确定性(uncertainty):在快速更迭的数字时代,新意外的发生大大增加了个人与组织预测事件发展规律的难度,使其对未来的判断及理解更具不确定性。

复杂性(complexity):云计算、平台化经济的介入使组织的运作与交流突破了其原有的边界。跨组织的多元主体逐渐成为新的发展方向。组织间的频繁交互、不同主体角色的参与,使原本简单的决策关系变得更加复杂。

模糊性(ambiguity):管理者在面对快速变化的环境时,容易对现实产生模糊感。多样的数据之间往往也暗藏着许多的关联,很难找到清晰的线索厘清因果关系。

数字化治理模式变革

习近平总书记在中央全面深化改革委员会第二十五次会议上强调："注重系统性、整体性、协同性是全面深化改革的内在要求,也是推进改革的重要方法。"①统筹推进技术融合、业务融合、数据融合,提升跨层级、跨地域、跨系统、跨部门、跨业务的协同管理和服务水平。数字化改革以数字驱动制度重塑,单一部门与组织的边界进一步模糊,合作范围及模式不断创新、治理决策范式向数据驱动转变,为多跨场景应用的谋划与治理提供助力。本章从理论视角解析数字化推动组织边界重构、治理决策范式、治理能力转变的内在机理。

一、组织边界重构:开放式合作模式

数字技术的互连性和交互性使得处于不同地区、不同时空的人可以跨越时空的障碍进行交互与沟通,拓展了组织的边界与创新的能力。传统组织的数字化转型主要聚焦在单一组织内部不同部门之间的信息互联互通,人们通过数字技术进行实时沟通和高效、快速协作。同时,组织与外部的个体或组织也可以更加频繁地进行沟通、交流。因此,传统组织或部门的边界逐渐变得模糊,组织在各个环节可以与客户、供应商、研究机构等进行互动与创新,形成开放式合作新模式。这些新的合作模式可以帮助组织从外部

① 习近平:抓好各项改革协同发挥改革整体效应 朝着全面深化改革总目标聚焦发力. (2017-06-27)[2022-08-25]. http://jhsjk.people.cn/article/29364295.

获取新的信息与资源,突破组织原有的资源及认知局限,带来创新竞争优势。

与传统合作模式相比,开放式合作模式的创新可以从主体维度与开放程度维度进行分类。从主体维度来看,开放式合作的对象是多元的,既包括传统的合作伙伴,也涵盖政府部门、供应商、客户等主体,形成组织与组织、组织与个体间合作的协同和互动。例如,在应对新冠肺炎疫情时,浙江政府跨越了传统政府管理的界限,与外部商业平台合作,共同推出"健康码",在短时间内向全民进行了推广,在疫情控制与复工复产方面发挥了积极作用。此类政府与商业平台的开放合作充分利用了商业平台的用户优势。同时,商业平台与政府内部系统开发人员的知识背景和工作经验不同,开放性的合作有助于提高产品的创新性。从开放程度维度来看,开放式合作创新的过程通常拥有不同阶段,不同阶段的协同合作模式与相互开放程度各异。例如,合作组织之间的行业距离大虽然有利于提高产品的创新性,但也会增加合作创新整合的难度并降低流程效率。同时,开放式合作创新的过程通常拥有不同阶段,公司如果不能合理、有效地在不同阶段分配信息技术与资源,则将导致开放过程和相关合作变得耗时、昂贵和费力。组织在合作中常常会在有效利用信息技术以获取外部知识方面遇到阻碍。

在开放式合作的多模式中,数字技术可以赋予组织不同的能力。数字技术赋能的知识探索能力和数字技术赋能的知识开发能力可以帮助提升合作组织间距离对产品质量与创新力的助力作用,并降低距离过大所带来的负面影响。数字技术赋能的社会整合能力可以克服合作组织间距离对合作流程效率所带来的挑战。为组织间合作创新中的信息技术部署提供指导,以更好地支持特定的合作模式及制定相应的管理制度。因此,建立一个数字化技术赋能体系可以在实践中对组织管理者成功实施开放式创新项目,以及在不同阶段部署有效的数字系统与技术应用,提供战略性的指导。①

---

① Cui T, Tong Y, Teo H H, et al. Managing Knowledge Distance: IT-Enabled Inter-Firm Knowledge Capabilities in Collaborative Innovation. Journal of Management Information Systems, 2020(1):217-250.

二、治理决策范式:多元主体共治

基于大数据平台上跨部门的海量数据的沉淀,多主体之间的行为互动、社交规律都可以被有效捕获。在此数字化平台之上,多源数据可以被实时采集、流转、融合,对多线业务提供协同支持,辅助全景视图的决策。决策者可以利用数据粒度缩放、跨界关联、全局视图的特征,细粒度、全周期地挖掘多主体的行为情境特征和交互特征,形成数据驱动的多元主体共治的决策新范式。[①]

第一,在治理理念上,服务供给主体从过去的数据封闭、数据孤岛向数据共享和数据决策转变,以协同为基本前提,以共创为价值考量标准。第二,在治理对象上,实现从小数据时代异构的、分散式储存的基础性结构化数据(如人口、法人、宏观经济和空间地理)和行业性结构化数据(如医疗、卫生、教育等),向大数据时代基于云储存等技术支持下的数据融合的转变,并进一步集成源自政府部门、社会组织、企业和互联网的反映"顾客态度"的视频、音频、社交互动等非结构化与半结构化数据,以解决服务决策、管理和监管缺乏全面、海量数据支持的问题。第三,在治理技术上,围绕数据采集、储存、清洗、整合、关联分析和结果展现等形成的大数据采集技术、处理技术、储存技术、分析/挖掘技术和结果展现技术,为服务供给主体协同、供给内容预测、供给方式更新、服务监管等方面提供技术支撑,解决服务变革技术短缺问题。[②]

三、治理能力转变:快速感知响应

数字化改革涉及全社会、各方面的变革,单一部门很难有效应对。多部

---

① 陈国青,吴刚,顾远东,等.管理决策情境下大数据驱动的研究和应用挑战.管理科学学报,2018(7):1-10.

② 刘晓洋.大数据驱动公共服务供给的变革向度.北京行政学院学报,2017(4):73-79.

门、多主体的协同配合需要快速感知、响应的能力。各参与主体存在知识差异，即各主体的工作背景、业务知识存在差异。数字技术及信息系统在组织快速应对外部环境变化、赋能经济与社会服务中起到了关键作用。组织数字化转型需要具备敏捷感知能力、吸收响应能力。

敏捷感知能力：敏捷性意味着对变化的快速响应。当面临高度不确定性时，组织需要技术赋能的"触角"，可以快速监测与获取对组织产生重大影响的环境变化的信息、过滤掉不相关的事实，并启动决策和行动任务的能力。"一图一码一指数"从空间、时间、人机交互等维度运用大数据科学、高效、精准地帮助政府实时了解公民的健康信息与企业的复工复产信息，提高了政府的治理能力，为政府精准防控疫情、安全有序推进复工复产提供了科学依据。

吸收响应能力：在感知、获取外部的信息之后，组织需要快速地将外部的信息及知识进行内部转化和吸收，并进行相应的调整。获取该能力需要应对各部门知识体系差异带来的挑战，以及应对与参与主体之间互动、协调和沟通过程中的挑战。"浙政钉"和"浙里办"保障了各部门之间的信息及时传递、多部门间的业务高效协同。

依托于对大数据资源有效汇集与利用，与市场企业、社会组织和广大民众共同参与事务管理，政府从单一治理主体治理模式走向政府、市场、社会等多元主体协同共治的治理模式，推动社会经济高质量发展，再创营商环境、社会服务新优势，实现从技术理性向制度理性的跨越。

实践篇

数字中国是实施国家大数据战略的主要目标,是一个包括数字经济、数字政府、数字社会的"三位一体"综合体系,三者分别是大数据战略在经济发展、政府治理和社会运行领域的应用与表现。[1] 习近平总书记提出,"加快数字经济、数字社会、数字政府建设,推动各领域数字化优化升级"[2],并指出"要激发数字经济活力,增强数字政府效能,优化数字社会环境"[3]。《国民经济和社会发展第十四个五年规划和 2035 年远景目标纲要》明确提出了加快数字化发展、建设数字中国的要求,强调"加快建设数字经济、数字社会、数字政府,以数字化转型整体驱动生产方式、生活方式和治理方式变革"[4]。数字经济、数字社会、数字政府三者互为支撑、彼此渗透、相互交融,既是数字化发展的重要组成部分,也是浙江数字化改革实践探索的主要着力点。

国家互联网信息办公室发布的《数字中国发展报告(2021 年)》(以下简称《报告》)显示,浙江数字化综合发展水平居全国第一。[5]《报告》肯定了浙江推进数字化发展的相关举措:浙江全面推进数字化改革,加快建设"数字长三角",加快公共数据资源开发利用,持续优化数字惠民服务,推动经济社

① 大数据战略重点实验室.大数据蓝皮书:中国大数据发展报告 No.2.北京:社会科学文献出版社,2018.

② 习近平.国家中长期经济社会发展战略若干重大问题.求是,2020(21):4-10. http://www.qstheory.cn/dukan/qs/2020-10/31/c_1126680390.htm.

③ 习近平.不断做强做优做大我国数字经济.求是,2022(2):4-8. http://www.qstheory.cn/dukan/qs/2022-01/15/c_1128261632.htm.

④ 中华人民共和国国民经济和社会发展第十四个五年规划和 2035 年远景目标纲要.(2021-03-13)[2022-04-13]. http://www.xinhuanet.com/politics/2021lh/2021-03/13/c_1127205564.htm.

⑤ 国家互联网信息办公室发布《数字中国发展报告(2021 年)》.(2022-08-02)[2022-09-10]. http://www.cac.gov.cn/2022-08/02/c_1661066515613920.htm.

会数字化转型和省域治理体系与治理能力现代化。①

　　经过一年的探索实践,浙江数字化改革的构架、路径、机制、模式成熟定型,理念、思路、方法、手段深入人心,已经从夯基垒台、立柱架梁、探索创新阶段,进入了实战实效、系统重塑、形成能力的新阶段,整体智治、协同高效的理念、思路、方法达成广泛共识,重大标志性成果持续涌现,打赢了一批深水区改革的攻坚战,啃下了一批重大改革的硬骨头,进一步彰显了浙江高举改革大旗的鲜明导向和引领改革风气之先的担当作为。②

　　过去一年来,浙江以数字化改革为牵引,引领体制机制重塑,取得了许多硬核成果,也涌现出一批深度参与的优秀企业。各系统以"三张清单"为抓手,坚持"小切口、大场景"、顶层设计和基层创新相结合,上线运行了一批重大应用。③

　　实践篇分为数字政府、数字经济和数字社会三章,共选取了 12 个典型实践案例,是浙江数字化改革实践的缩影,对数字化改革理念认识有重要的实践指导作用。

---

① 数字中国发展报告发布 浙江数字化综合发展水平全国第一. 浙江日报,2022-08-05(2). http://zjrb. zjol. cn/html/2022-08/05/content_3576346. htm? div=-1.

② 浙里改. 以数字化改革驱动实现"两个先行". 浙江日报,2022-08-15(1). http://zjrb. zjol. com. cn/html/2022-08/15/content_3578586. htm? div=-1.

③ 袁家军:系统迭代 整体提升 加快打造数字化改革"硬核"成果. (2021-08-24)[2021-10-21]. https://zjnews. zjol. com. cn/gaoceng_developments/yjj/zxbd/202108/t20210824_22995250. shtml.

数字政府

　　数字政府是依托一体化、智能化公共数据平台，构建优质便捷的普惠服务体系、公平公正的执法监管体系、整体高效的运行管理体系、全域智慧的协同治理体系，形成新的行政管理形式和政府运行模式，是坚持以人民为中心的发展思想，立足市场有效、政府有为、群众有感，统筹运用数字化技术、数字化思维、数字化认知，推进政府治理全方位、系统性、重塑性的变革，能够实现政策制定更民主、更科学，公共服务更优质、更高效，营商环境更公平、更优良，市场主体更具活力，群众更有获得感、幸福感、安全感。①

　　数字化改革推动治理方式、手段、工具、机制发生了系统性重塑。在疫情防控、灾害防范、矛盾化解、执法监管等领域，通过上线运行一批提升治理能力的多跨场景应用，实现从事后应对处置向事前有效防范、从碎片化管理向全周期管理、从模糊管理向精准治理的转变。本章选取了绍兴"无废城市"建设、"事同标、物同码"推进数字化改革标准化、数字化改革赋能淳安下姜共同富裕，以及数字化改革推进德清宅基地制度改革四个案例，作为数字化改革智库研究联盟2021年在数字政府领域的代表性研究成果。

一、数字化改革激发协同合力　推进绍兴"无废城市"建设

　　浙江省率先提出开展全域"无废城市"建设，既是新时代深入贯彻习近平生态文明思想的具体行动、满足人们日益增长的美好生活需要的必然要

---

　　①　数字化改革术语定义：DB33/T 2350—2021.浙江省市场监督管理局，2021.

求、打好污染防治攻坚战和决胜全面建成小康社会的重大改革部署,更是扛起"三个地"使命担当的题中应有之义、推进建设大湾区大通道大花园大都市区的重要抓手和新时代全面展示中国特色社会主义制度优越性重要窗口的重要体现。如何充分运用数字化改革形成的新优势、新动能,扎实推进固体废弃物处置,是"绿水青山就是金山银山"理念提出后推进全域"无废城市"建设的重要新实践,是当前亟待破解的重大课题。

绍兴市作为浙江省唯一的全国"无废城市"建设试点,按照工业固体废物、农业废弃物、生活垃圾、建筑垃圾、危险废物五大类固体废物减量化、资源化、无害化的目标,综合运用制度、技术、市场、监管四种手段,深化固废治理数字化转型,激发政府、市场、社会的协同合力,积极打造"数字无废"新模式,探索固废治理体系和治理能力现代化。[①]

(一)现实困难

绍兴市在"无废城市"建设试点过程中,对省、市、县三级固废管理职能部门及重点固废利用处置单位的数字化管理现状开展调研,发现固废数字化应用存在信息孤岛多、覆盖不全面、服务有欠缺等问题。

在政府管理中,五大类固废产生、分类、收集、运输、利用处置领域在行政管理上涉及部门众多,部门之间存在信息不对称、分段式管理等问题。

在企业公众服务上,产废单位与用废单位之间缺少信息沟通桥梁,变废为宝之路不够通畅;同时,企业与公众对无废城市和固体废物管理的认知需求加大,但缺乏一个集成相关法律法规、政策文件、技术标准的一站式服务中心。

(二)主要做法与成效

为助推"无废城市"建设试点,绍兴市坚持"整体智治、高效协同"的系统设计理念,按照"四横三纵"数字化转型框架,采用 V 字开发模型,统筹整合五大类固体废物管理系统和重点产废园区、重点固废利用处置企业数字化

---

① 　姚伊乐.绍兴开启数字"无废"之路.中国环境报,2020-09-11(6).

管理系统,形成"纵向到底、横向到边"的监管格局和服务模式,建立浙江省固废治理数字化应用——绍兴市"无废城市"信息化平台,并列入2020年浙江省人民政府数字化转型重点项目。

1.运用数字化技术,实现重点固废全过程数据的系统性归集

运用新时代"枫桥经验"联防联控、群防群控、智防智控模式,实现对重点固体废物及危险废物"从摇篮到坟墓"的可监控、可预警、可追溯、可共享、可评估的全过程闭环管理。第一,在源头上进行扫码溯源实现数据归集。运用二维码技术,对每个固废进行赋码,将固废的种类、数量、产生时间、地点等信息固化。第二,在过程中进行在线监控实现数据归集。实现运输车辆车载视频、固废处理场等设施视频监控联网,依托视频和轨迹监控对违规倾倒、非法转运、未按规定路线运输等情况进行在线监控、及时预警。第三,在处置端进行信用管理实现数据归集。重点建立产废单位、运输单位、利用处置单位的信用库,推进固废治理信用数据体系建设。已有效整合了分散在省、市、县三级的21套涉及固废的系统,汇聚16个省级部门、19个市级部门的2200余项数据项,合计约4.2亿条,其中,危险废物类数据212项5822万余条,一般工业固体废物类数据174项92万余条,生活垃圾类数据141项25万余条,建筑垃圾类数据181项1.3亿余条,农业废弃物类数据51项3700余条,再生资源类数据71项30万余条。

2.借助数字化手段,强化重点固废处置数据的运用与管理

浙江省固废治理数据化应用——绍兴市"无废城市"信息化平台的功能模块原型设计采取一舱六版块的方式,通过GIS地图结合图层叠加,实现一屏展示、一图总览、一网感知,实现固废处置数据的深度运用与高效管理。第一,运用数据跟进及时分类处理固废问题。重点是对接雪亮工程中1182路视频监控信息,并按照五大类固体废物进行分类;完成五次卫星遥感影像比对,通过共享泥浆渣土系统的工地信息,提高遥感"固废非法倾倒"的识别率;综合运用企业固废产运处数据,跟进环境舆情、执法检查、风险预警等问题,及时处理固废污染案件45起。第二,借力信用数据,倒逼固废单位守法经营。深挖信用评价数据,打通固废治理的监管系统、执法系统与信用系统,健全"互联网+监管+信用"体系,实现固废治理的差别化管理,形成白

名单、黑名单,通过考核排名等手段,倒逼固废相关单位守法经营。第三,及时向公众发布固废指数。将国家"无废城市"建设三张清单(任务清单 95 项、责任清单 43 项、项目清单 90 项)、53 个指标和浙江省"无废城市"建设四张清单(任务清单 106 项、责任清单 55 项、项目清单 80 项、目标清单 64 项)、33 个指标按照固废类型及数据生成方式分类细化,通过大屏端、电脑端、手机端进行综合展示,切实提高社会公众的知晓度。

3. 依托数字化平台,提升固废产业化服务的水平和成效

充分应用"浙里办""浙政钉"用户体系,实现省、市、县、乡镇各政府用户分级管理,为企业、公众提供固废业务服务,集中体现在两个方面:一方面,搭建信息桥梁,让固废交易处置方便起来。建立全国第一个五大类固废交易撮合平台,搭建产废、用废单位的信息桥梁,利用大数据为产废企业及用废企业提供信息查询,并精准推送供需信息,积极推动交易撮合,促进各类固废就近、及时得到利用处置,破解企业和群众固体废物处置难、找不到出路等问题,消除处废单位无废可用的局面,提高固废利用率。截至 2021 年 4 月,累计交易 190 多笔,成交量达 1400 多吨。另一方面,提供咨询服务,让固废知识普及起来。打通从国家到省、市各级机构的通道,归集法律法规、各级政策制度、技术标准 600 余项,并链接国家生态环境科技成果转化综合服务平台,为政府机构、单位和个人提供固废治理相关法律法规、政策制度、技术标准等信息的查询、咨询服务。

(三)下一步的建设思路

固废处理是全域"无废城市"建设的重要内容,不仅涉及生产方式、生活方式、消费模式的深层次变革,也涉及城市规划、产业结构、空间布局和发展方式的整体性优化,是城市治理体系和治理能力现代化的重要标志,影响全局,任重道远。下一步,以数字化改革深入推进建设应重点做好技术及其制度化应用的大文章。

第一,深化业务子系统建设,以新固废法为指引,强化一般工业固废台账、转移过程监管,进一步优化危险废物管理,形成以智能地磅为主的物联监管体系。

第二，深化"互联网＋监管＋信用"的应用，以执法为切入口，对不同企业进行分级管理。

第三，深化 AI 在"无废城市"平台中的场景应用，针对生产行为、生产环境、生产操作等进行视频智能分析，识别可能出现的业务风险，防患于未然。

二、推进"事同标、物同码"　加快数字化改革标准化进程

要实现政府侧、社会侧、企业侧、个人侧的高效协同、全链条治理，实行"事同标、物同码"是深化数字化改革的关键。数字化改革推进过程中遇到的同一事件不同标准、同一事物不同编码的"事不同标、物不同码"的困扰，已成为阻碍数字化改革纵深推进的痛点、堵点，亟待采取有力措施加以解决。

(一)数字化改革遇到了"标码不一"的现实难题

"事同标"是指同一事件采用同一标准规范，"物同码"是指物品应用同一编码体系。但在具体实践中仍然存在事件标准不一致、编码规则不统一、管理体系不畅通等瓶颈和难题。

1.事件标准不一致

主要体现在三个方面：第一，名称标准不一，比如"噪声处置事项"，在衢州衢江区和温州龙港市分别称为"城区噪声处置"与"生活噪声处置"，由于事项边界不清，容易引发管理混乱，导致系统难以识别及分类统计。第二，办事标准不一，比如出生"一件事"的网上联办流程，杭州不同区县所要求提供的材料种类不一致，导致形成的数据档案不统一。第三，执行标准不一，比如在国家标准中，黄色车位属于特殊车辆专属停车位，但在杭州、嘉兴、丽水等地，多将黄色车位设置为错峰时段停车位，此外，还存在同种颜色停车时限不一致等情况，也容易引起混乱。

2.编码规则不统一

主要体现在三个方面：第一，统一赋码管理机制不完善。浙江省统一赋

码管理范围不全、职责不清，缺少统一编码体系，编码数据质量与格式缺乏统一校验，无法有效解决编码应用主体众多、规则不一、基础数据难共享等问题。[①] 第二，同类事物编码规则不统一。以重要产品追溯为例，"浙食链"系统采用国际编码标准，"浙农码"按照部门管理逻辑自行编码，商务部门的商务产品编码采用第三方服务商编码规则，导致从农田到餐桌全链路上的信息存在多重标识，造成各环节间的衔接及信息交换需要额外改造与映射转换，难以实现信息的全程追溯。第三，事项编码覆盖不全面。比如政务服务事项，该事项涉及行政权力事项、公共服务事项和联办事项。根据国家标准 GB/T 39554《政务服务事项基本目录及实施清单》，行政权力事项有系统地编码分类，而公共服务事项则缺少细分编码规则，导致全省 45 万余项公共服务事项存在流转、统计、溯源困难等问题；联办事项更是缺乏统一的编码规范，各地自行赋码导致不能有效实现多跨识别与调用。

3. 管理体系不畅通

主要体现在：第一，基础数据不统一。比如地址门牌管理上，根据自身业务需求，民政、建设、公安、电力等部门各自开发了"离散"程度和更新频率均不同的系统，地址数据来源繁杂、边界不清、条块交叉，亟须加快全省统一标准地址库建设与应用。第二，责任主体不明确。比如村级区划编码，由于缺少统一的牵头管理主体，在省、市、县、乡、村五级区划架构中，村级区划编码没有统一，导致基础区划数据无法实现动态传递，统计数据难以归集共享。第三，关联机制不健全。比如免疫预防接种事项，属于幼儿入园、义务教育入学、就业等联办事项共同关联的"子事项"，但由于部门之间缺乏事项编码的统一规则和关联机制，相关信息无法结构化调用，导致多数群众办事均需重复提供相同的证明材料。

(二)"事同标、物同码"深化数字化改革的建议

数据是信息有序流动、决策研判的基础，数据的准确性和规范性是数字

---

① 梁素梅,李宁.基层社会数字治理标准化的初探与深化——以浙江省为例.中国标准化,2022(15):141-145.

化改革的关键,只有统一标准才能相互贯通,只有统一编码才可相互识别。"万事有标、万物同码",方能"万物皆数、万物互联"。对全省标准编码应用情况进行统一摸底,加快推动将"事同标、物同码"嵌入数字化改革,让"事""物"都有唯一的"身份证号",形成全省统一的数字政府和数据市场管控系统,提高省域数字化治理水平。

1.加快基础标准推广应用

加强规范数据需求、汇集、共享、治理等方面的顶层设计,加快制定和实施人、组织、物品、地理空间、事项等要素在名称编码、数据规则、数据管理等方面的广域通用关键标准。响应数字化改革快速迭代需求,积极采用地方标准、团体标准、标准化文件等多种形式的标准规范和动态更新迭代机制。尽快将标准符合性评估作为数字化改革项目立项和验收的重要内容。

2.搭建事物标识统一赋码平台

依托一体化、智能化公共数据平台,在居民身份证号码、组织机构社会统一信用代码管理基础上,积极推行全球统一GS1编码、国家物联网标识Ecode编码等通用编码与标识体系,规范全要素赋码。建设与完善集聚物品、事项、地理空间等统一赋码管理功能的公共服务平台,推动实现统一标识编码规则、统一解析查重验证、统一基础数据支撑,为各地各部门代码管理与数据应用提供平台技术支撑。

3.建立统一管理协调机制

建立健全由公共数据管理部门统一牵头、其他行政管理部门分工配合的跨部门、跨系统协调机制,在统一架构交换与安全标准基础上,规范应用结构化的统一标准地址库、法人库、信用库等关键基础通用数据库,加大数据汇聚与应用力度,完善动态调取共享机制,确保数据可溯源、可纠错,提升数据共享质量,做到"一数一源一标准一编码"。

4.打造多跨协同标准化应用场景

推行"一地先行、全省共享"机制,甄选体现基层固定性、横向协同性、纵向贯通性,能显著增强业务执行效率的多跨应用场景,以标准化方式固化建设模式,建立完善的省、市、县三级场景应用目录及标准实施清单,并结合改革实践进行动态优化。

三、数字化改革赋能平台联动　淳安下姜村推进共同富裕

山区县由于地理地貌、人口结构、生态保护、信息交互等因素,一直存在农民增收路径少、集体经济薄弱、发展空间不够,产业供需矛盾、村自为阵、周边协调不够等发展瓶颈。数字化改革是系统解决山区县数据资源分散化、公共服务差异化、治理主体单一化等问题的关键,是实现共同富裕的新思想、新手段、新路径,着重解决技术、制度、价值"三大理性"问题。近年来,淳安下姜村及周边 31 个行政村的"大下姜"乡村振兴联合体,在数字赋能平台共建、产业共兴、乡村共治、价值共创等方面取得了丰富的实践经验。

(一)数字化改革赋能共同富裕的"大下姜"经验

遵从经济社会发展规律,落实千岛湖综合保护和生态红线、水功能区等约束性规划,"大下姜"坚持党建统领,聚焦农民增收、村集体经济发展等问题,充分运用数字化手段,找准改革突破口和制度重塑点,系统集成打造乡村基层变革组织,有效推进平台、功能、体制机制贯通,探索实现共同富裕应用在各领域、各层级、各环节、各主体中实现全覆盖的方法与路径。

1. 打造智慧治理平台,推动系统集成创新

技术理性强调多方数据要素交互和各层级平台贯通,为需求识别提供技术路线。为加快推进横向、纵向数据共享,大下姜打造数字孪生空间,建立全区域覆盖、多要素融合的"大下姜"智慧治理平台,接入人员车辆识别、治安监控、阳光厨房、智慧治水、消防、城管等场景数据,推进信息空间的互动式数据流治理,促使数据流与业务流同步;打通县委组织部、政法委、农业农村、县妇联等 15 家业务主管部门数字管理系统平台,归集省、市、县三级 42 项部门数据,打造"大下姜共同富裕数智驾驶舱"。目前,已基本实现"一屏监测、一屏服务、一屏治理",正探索推动"152"体系向乡镇以下延伸、与基

层治理整体贯通,构建县乡一体、条抓块统的基层治理模式。①

在平台互通基础上,梳理需求清单,基于民生高频需求,推进系统集成创新,建立经济高质量发展、区域协调发展、收入分配格局优化、公共服务优质共享、精神文明建设、全域美丽建设、社会和谐和睦七个方面 36 个指标,构建乡村共同富裕精准画像。以共富指数为引领,构建深绿创富、民生享富、智治安富、党建领富"1＋4"大下姜共同富裕框架体系,以共富指数穿透业务流程,为党委、政府推动共同富裕提供分析决策依据,形成从短板预警到举措落实的工作反馈闭环。同时,进一步量化、细化管理,将"1＋4"体系拆解出红色培训、健康服务、智护山水、联合体共富等 15 项二级任务,提高治理精准性与高效性,打好多跨协同与制度重塑并重的共同富裕数智应用场景的数据底座。

2.发挥多方联动响应,推进体制机制重塑

重塑共同富裕行动主体组织结构,推进多跨协同应用场景持续创新扩散,提高利益共生、权利共享、责任共担联合体建设的积极性。按照省委"跳出下姜、发展下姜"的思路,以组织变革为抓手,聚焦联合体建设过程中存在的难点与问题,创新"改革运行""我们一起富"和"村书记话共富"应用,理顺党委组织构架和三级协调运行机制;组建工作专班,在不打破原有行政区域规划的前提下,以体制机制重塑推进跨区域联动,复制推广联合体共富模式;拓展与完善体系构架,把顶层设计融入体系构架中,编制并实施《下姜村及周边地区乡村振兴发展规划》和交通、旅游、农业产业、村庄建设"1＋4"专项规划。通过治理体系、政府企业个人关系、产业体系、社会形态、制度和规则体系系统重塑,推动联合体生态、生产、生活"三生"及农业高质高效、乡村宜居宜业、农民富裕富足融合发展。

2019 年 6 月,结合"1＋4"规划推进实际,坚持下姜村示范引领、大下姜组团联动和周边区域融合互动,创新组建覆盖枫树岭镇下姜村等 18 个行政

---

① 袁家军:加快全面贯通 推进特色改革 扎实推动数字化改革取得标志性成果.(2021-10-11)[2022-07-21]. https://zjnews. zjol. com. cn/gaoceng _ developments/yjj/zxbd/202110/t20211011 _ 23205789. shtml.

村和大墅镇四个行政村、2.2 万人口、340 平方公里的大下姜乡村振兴联合体，并成立联合体党委和理事会；2021 年增扩至 25 个行政村（行政村规模调整后）、2.5 万人口、350 平方公里。制定联合体党委统筹、乡镇负责、部门协同、村社落实的工作机制，推进大下姜区域跨镇联动和全局问题的统筹、协调、督查、落实，在更大的场景中谋划和迭代升级，提升数字化运营管理水平。通过支部联建、党员联带、产业联兴举措，开展强村带弱村、先富带后富、周边融合带动的"三联三带"，落实共富举措，发挥变革型组织制度优势，形成推进共同富裕长效机制。

3. 构建业务应用场景，实现多主体价值共创

迭代升级数字生态系统网络，在更大范围、更广领域构建治理端和服务端业务应用场景，纳入更多主体参与共建共治共享，持续提升治理能力和群众获得感。在治理端，构建多元共治乡村智慧治理体系。打造"点对点"治理网络，强化村与村之间，以及政府、企业、村民之间的数据连接；推行进村驻点"代办服务点＋自助服务终端＋移动终端"等新模式，群众办事实现"就近跑一次"；建立以塑造"四种人"党建品牌为核心，法治、自治、德治、智治"四治"融合赋能"一核四治"治理新机制，增强村党组织在乡村治理中的战斗堡垒作用，建设人人有责、人人尽责、人人享有的社会治理共同体。

在服务端，一方面，以资源共享拓展增收路径，切实提高群众收入水平。打造村委、企业、村民合作等要素资源共享模式，创新村民入股联营，推出民宿加盟市场机制，建立共享自来水厂、共享酒厂、共享洗衣房；综合区域资源禀赋，打造省数字政府系统"一地创新、全省共享"应用项目"两山银行"和"伊加工"，建立农村数字化产业网络、品牌农产品电商馆，成立大下姜振兴发展有限公司，加速产业共兴、品牌共塑与集体增收。2021 年上半年，常住居民、低收入农户人均可支配收入分别为 16241 元、8732 元，同比增长 29.99%、20.40%。另一方面，着力提升城乡基本公共服务均等化水平，发挥联合体制度理性优势。以下姜村为中心向周边辐射，在全国农村率先实现 5G 网络全覆盖；融合大下姜区域内 2.53 万居民的医疗数据、公共卫生管理等生命周期数据，开通"大下姜巡回医疗车"，2021 年上半年累计提供免费义诊、健康体检等服务 7.12 万人次，家庭医生规范签约率达 91.25%

以上;建成直联省城医院专家远程会诊的智慧医疗系统,下沉省市优质医疗资源;探索推行智慧养老,开展农村养老服务设施配套建设,为106名70岁以上老人配备智能手环,提升养老服务照料水平;推进大墅镇初中与枫树岭镇初中合并办学,推行"互联网＋"教育模式,实施名校结对帮扶。

(二)数字化改革推进山区县共同富裕的启示与建议

为进一步优化并推广"大下姜"乡村联合体共富模式,推进浙江省乡村片区化、组团式高质量发展,提出以下几点建议。

第一,探索重大需求识别的"虚实映射"数字新手段。聚焦国家所需、群众所盼、未来所向,进一步依托数字平台拓展民意汇集渠道,增强生活生产数据与政府组织、政府业务之间的穿透性,强化多跨协同、系统集成、整体智治,在推进乡村振兴过程中,构建数字孪生空间,精准识别不同群体、不同层次民生需求。同时,基于数据驱动决策,强化农村产业、生态、文化等方面的公共服务供给与政策反馈,实现更大范围的细化、量化治理闭环,破解城乡二元化结构难题。重点围绕提升民众获得感、幸福感和安全感,增强民众参与共同富裕示范区建设的主观积极性,实现整体经济社会发展目的与个体发展需求相统一。

第二,探索不打破行政区划的"跨区联动"治理新模式。按照"示范带动、区域联动"的思路和"地缘相邻、文化相近、产业互补"原则,借鉴"大下姜"模式,组建以核心村为示范引领、辐射带动周边村庄联动发展的乡村振兴联合体,加快平台、应用、体制全面贯通,以系统集成为方法,拓展与完善体系构架。编制并实施区域乡村振兴发展行动计划,深化环境共保、平台共建、资源共享、产业共兴、品牌共塑、区域共富和组织共强,在场景应用中解决现实需求,以制度重塑加速推进乡村治理体系和治理能力现代化建设。

第三,探索推动"绿水青山就是金山银山"有效转化的"引导激励"发展新机制。进一步拓宽"绿水青山就是金山银山"转化通道,组建乡村振兴联合发展公司,融合"两山银行"平台资源,提高数字运营水平,发挥财政资金在"绿水青山就是金山银山"有效转化中的引导和激励作用,引导和带动社会资本参与乡村振兴与共同富裕,形成可复制、高绩效、可持续的"引导激励"新机制。同时,推广来料"伊加工"、品牌特色农产品电商馆等线上线下相结合的创新应用,进一步解放和发展乡村生产力,优化生产关系,发挥多方主体的主观能动性,纳入更多市场主体参与山区县共同富裕建设,培育多主体共建共治共享的共生新格局。

四、数字化改革推进宅基地制度改革　助力农村共同富裕

宅基地制度改革事关农民切身利益,事关农村社会稳定和发展大局,是全面深化农村改革、加快推进共同富裕的重要内容。[①] 德清自 2015 年成为全国"三块地"改革试点地区起,持续探索宅基地所有权、资格权、使用权"三权分置"的实现形式,探索完善宅基地分配、流转、抵押、退出、使用、审批、监管等制度的方法路径,并以 2020 年成为新一轮农村宅基地制度改革试点地区为契机,深入贯彻《中共中央办公厅　国务院办公厅关于印发〈深化农村宅基地制度改革试点方案〉的通知》精神,进一步以数字化改革为抓手,贯通并重塑不动产登记、农房全生命周期、"两山银行"等多跨协同业务流程,推进"宅基地制度改革一件事",形成了一批可复制、能推广、利修法的实践成果和制度成果。

(一)宅基地制度改革难点分析

宅基地制度改革是一个典型的政府、市场、村民等多方主体参与多跨协同的重大应用场景,由于其涉及面广、主体多样、改革周期长、影响深远,导致遗留了一系列历史问题,是各地农村改革的重点与难点,主要表现在以下几个方面。

1. 农户端收入实现难

宅基地摸底是推进宅基地制度改革的基础。在调研中发现,农民的绝大多数收入都会投入建房,而若房子建成后无法盘活,就会成为收入增长的主要障碍。尤其在当前生态保护红线下,农房资产化是实现经济效益最大

---

① 李志勇.农业农村部:开展新一轮农村宅基地制度改革试点.经济参考报,2021-09-01(A02).

化的重要手段。同时，大量农民进城后造成的农房闲置现象将阻碍村集体收入增长。也就是说，从"有钱—造房"转向"有房—生财"，盘活闲置农房，大幅度提升农民财产性收入，是缩小三大差距、实现共同富裕的关键。全面摸清宅基地规模、布局、利用状况等基础信息，是确保宅基地的审批、流转等产生经济价值的前提。然而，由于城乡人口流动、信息采集滞后等因素的影响，农村宅基地基础数据库难以建立，致使摸底不清，农户财产性收入难以实现。

2. 政府端监管服务难

主管部门多跨协同是推进宅基地制度改革的保障。宅基地制度改革涵盖三权管理、审批管理、数据仓建设、盘活利用、综合监管等核心治理板块，涉及农业农村、自然资源和规划、建设等多业务部门。宅基地制度改革主要是为了厘清"三权"之间关系，完善集体所有权行使、农户资格权保障、使用权流转、抵押、自愿有偿退出、有偿使用、收益分配等机制，高度依赖配套的数据、项目全生命周期管理应用场景和共享贯通的省、市、县三级公共数据平台。在传统政府监管服务中，数据管理、信息服务、资源共享等功能存在较大短板，核心业务部门联动、重点技术开发、流程再造识别较为滞后，农村宅基地规、批、供、用、管、查、登全流程数字化闭环管理实现难。

3. 市场端需求匹配难

市场化运作是持续推进宅基地制度改革的动力。当前，不少地区已实现"一户一宅一房"，城乡收入差距逐步缩小，而财富收入差距却在扩大。究其原因，有以下两个方面：一方面，信息不对称造成农村宅基地底数不明晰，市场范畴往往仅限于村集体内部，不少房子利用率较低，闲置现象普遍，宅基地使用权流转性不足，难以反映真实市场价格；另一方面，虽然当前农村开发强度大，外部投资主体活跃，但由于存在传统资源结构性问题，造成宅基地物权化过程中难以承载新业态、新经济，缺乏实现农村各要素价值综合转化的有效技术手段，从而影响农村内外部市场之间的供需平衡。此外，在严守底线、稳慎推进的前提下，放活宅基地和农民房屋使用权、加大宅基地使用权流转，盘活利用农村闲置宅基地和闲置住宅发展乡村产业所缺乏的相应技术、金融、规划等方面的市场服务支持。

(二)数字化改革推进宅基地制度改革的德清实践

德清自 2015 年开始探索宅基地改革机制创新,为进一步解决上述宅基地制度改革痛点、难点问题,加大数字赋能,针对九项试点内容和四项基础工作,围绕农村宅基地全生命周期管理,打造"宅富通"管理信息系统;深化治理端与服务端数字化改革,按照"V"字模型分解改革任务,以一体化、智能化公共数据平台和数字农业云平台为依托,围绕系统核心业务推进多跨协同治理,打通"浙里办""浙政钉",建设三维"一张图"、联合审批、共享农房、三色预警等十大模块,全面连接并贯通政府治理端、农户服务端、市场投资主体服务端,实现实时预警、宅基地服务"网上办""掌上办"及财富渠道畅通。

1. 开展全覆盖数字化调查,精准摸底实现"三权"明晰

"三权"明晰是激活要素流动的重要基础。数字化为宅基地制度改革奠定基础,其发展趋势是宅基地产权的全面数据化,让分散、"沉睡"的宅基地资源在数字空间里集中、"苏醒"过来,为要素自由流动创造条件,进而实现农户端、政府端和市场端改革需求信息全面贯通。

德清在完善宅基地所有权行使机制、资格权保障机制、使用权确权颁证机制的基础上,率先开展宅基地基础信息调查工作,并在完成前期调研分析、技术论证、数据协调等工作的基础上,依托一体化、智能化公共数据平台和省域空间治理数字化平台,综合运用遥感测绘、高精地图、实景三维等地理信息技术,全面摸清农村宅基地规模、布局、权属、利用状况等基础信息,建立包含 5.6 万宗宅基地属性数据的宅基地专项数据库,精准实现"三权"明晰,赋能政府治理效能提升和市场流转价值转化。

2. 探索全周期数字化管理,多跨协同打造数字化管理雏形

数据共享是畅通要素流动的关键环节。宅基地制度改革需要针对过去工作中遇到的各类"堵点"问题,以数据共享为抓手,发挥技术调节效应,让数据在跨部门、跨领域、跨业务、跨层级的不同政府信息系统中"并联"流动,增强系统的灵活性与去耦性,避免沟通"断路"。

德清以"宅富通"管理信息系统构建顶层规划,完善宅基地审批、监管等

机制,谋划宅基地全生命周期管理应用场景,按照多跨协同的理念,贯通共享省、市、县三级公共数据平台11项数据,打通"数字乡村一张图"、数字农业云平台等16项业务系统,联动农业农村局、自然资源和规划局、建设局等六个业务部门,突出数据管理、业务办理、信息服务、资源共享等五项功能,推动农村宅基地规、批、供、用、管、查、登全流程数字化管理。同时,以莫干山镇作为试点乡镇,率先建立农村宅基地建房"红、黄、绿"三色动态预警应用,创新线上线下融合的宅基地监管执法机制,构建宅基地数字化管理新模式。

3. 推动全要素市场化整合,市场机制激发产业发展潜能

市场机制是资源自由配置的不竭动力。宅基地制度改革不只要依靠政府"有形的手"提供短期"输血"功能,更需要借助市场"无形的手"增强长期"造血"能力。利用市场机制充分放大农村宅基地资源的规模经济效应、范围经济效应与网络经济效应,实现资源要素市场自由配置。

德清围绕"绿水青山就是金山银山"理念,结合GEP核算辅助决策及生态价值转化应用场景,致力于以产业赋能破解强村致富瓶颈制约,完善收益分配机制:通过"两山银行"对"碎片化"资源资产进行统一收储、整合提升、打包策划、规模开发,强化宅基地与山水林田湖草等资源资产的全要素整合;探索建立"企业＋村集体＋村民"合作经营模式,引导各类主体联合抱团发展,打通生态产品价值实现路径;探索宅基地使用权(农房财产权)抵押贷款,与基层政策性农业信贷担保服务创新试点相结合,探索建立风险缓释和补偿机制,打造全国首个宅基地抵押全程线上办理试点;创新"双使用权证"(宅基地使用权＋农房使用权)机制,允许"双使用权"流转、盘活并用于农村新业态,结合"数字乡村一张图"实现物理空间线上可视化,精准匹配外部资本,全方位激活沉睡资产,有效促进宅基地资源供给与外部市场需求之间的精准匹配。

(三)改革成效与进一步的思考和建议

截至2020年底,经过持续的数字赋能与制度重塑,德清通过出租、开办民宿、农家乐等方式盘活农村宅基地6817宗781亩、闲置农房129万平方

米;城镇、农村居民人均可支配收入分别达到 62225 元、38357 元,城乡居民收入比降至 1.62∶1;增加村集体收益 1.72 亿元,全县 137 个村的村集体经营性收入平均达到 133.6 万元(近五年年均增长 24.3%),全面消除村集体经营性收入 50 万元以下的经济薄弱村,有效促进村集体和村民层面的收入"双增长"、缩小城乡收入差距。

德清实践表明,基于数字赋能精准破解改革痛点、难点,通过制度重塑牢固保障"三权分置",在多跨协同应用场景中充分释放改革红利,是高效推进宅基地制度改革的重要路径。同时,研究发现,宅基地制度改革过程中依然存在农村集体经济组织成员身份界定模糊、宅基地及农房价值不够显化、宅基地执法权限和范围不明、农村建设用地更新不足等问题。为进一步以宅基地制度改革为突破点,全面深化农村改革,高质量推进共同富裕示范区建设,提出以下建议。

一是持续夯实数据交互底座,推进平台迭代升级。进一步推进宅基地基础信息调查和社员身份信息调查工作,加快宅基地认定登记和建库,同步加快搭建宅基地全生命周期管理系统。开展更充分、全面的数据采集,制定数据采集、更新、使用相关机制,实现户籍、家庭、权益、社保等数据互通,尤其是要对户籍变动、进城落户群体信息进行及时更新,提升数据分析挖掘、质量数据供给能力,完善孪生底座。同时,在实现集体土地证和房屋所有权证应发尽发率 100% 的基础上,加快房地一体确权颁证、历史遗留问题处置,规划好"未来村庄",建设好乡村新社区。率先在德清等地试点,在"一张图"基础上,逐步建立全省统一的交易平台,加速平台服务端与治理端融合,精准实现农民权益与市场需求信息相匹配,以市场化手段实现"三贯通,一推进"。

二是持续丰富多跨协同场景,衍生农村特色产业。在《土地管理法》框架内,以制度创新、机制创新推动改革创新,增强宅基地制度改革系统性、协同性和整体性,有条件地引导进城落户农民依法自愿有偿转让,通过平台清晰界定农村集体经济组织成员身份、保障进城落户农民在农村的权益、规范成员身份保留、入社(经济合作社)与退出机制,建立相应的激励或补偿机制。通过制度重塑进一步放活宅基地和农民房屋使用权,推广"双使用权"

转让制度。充分发挥市场机制,促使流通范围从集体经济组织内部转向外部,加大闲置农房盘活力度,以宅基地制度改革激活农村电商、文化旅游、创意农业、餐饮养生等农村新产业与新业态,激发相关产业发展潜能,丰富农村多跨协同应用场景,实现政府、市场、农户有效关联,以农村特色产业融合发展推进改革持续深化。

三是持续推进土地资源综合治理,催生发展内生动力。在宅基地制度改革基础上,进一步结合 GEP 核算辅助决策及生态价值转化应用场景,以"两山银行"建设提升土地资源治理效能,显化宅基地生态价值;加快探索宅基地使用权抵押机制,显化宅基地财产价值;加快闲置宅基地自愿有偿置换力度,显化宅基地区位价值。通过全方位的价值转化,提高乡村整体智治水平。同时,拓宽民意汇集渠道,加大改革辐射面,大力开展农村土地综合整治,解决农村建设用地不足问题,优化用地布局,增加农民财产性收入,让更多群众共享改革红利。最后,以宅基地制度改革为契机,加速"一张图"村民服务端、市场服务端融合,结合地方实际进一步推进城乡基本公共服务均等化,在物质生活与精神生活层面同步催生乡村发展内生动力。

数字经济

　　数字经济是以数据资源为关键生产要素,以现代信息网络为主要载体,以信息通信技术融合应用、全要素数字化转型为重要推动力,促进效率提升和经济结构优化升级的新经济形态。[1][2] 数字经济是2021年浙江数字化改革提出的五大综合应用之一,是数字化改革推进共同富裕的重要引擎,以数字经济"一号工程"升级版为主阵地,以"产业大脑＋未来工厂"为核心业务场景,以数据资源为关键生产要素,以现代信息网络为主要载体,以信息通信技术融合应用、全要素数字化转型为重要推动力,是数字化改革在经济发展领域的生动实践,促进效率提升和经济结构优化升级,其发展成果将更多、更公平地惠及全体人民。

　　浙江数字经济发展位居全国前列,是我国数字经济发展先行区,是中国培育发展新动能、驱动经济高质量发展的重要缩影,全国数字产业化发展引领区、产业数字化转型示范区、数字经济体制机制创新先导区和具有全球影响力的数字科技创新中心、新型贸易中心、新兴金融中心建设取得积极进展。本章选取了中烟企业一体化、数智化改革,数字化改革赋能金华农业特色产业全面振兴,企业码创新服务企业模式和化工产业大脑赋能产业生态数字化服务四个案例,作为数字化改革智库研究联盟2021年在数字经济领域的代表性研究成果。

---

　　① 浙江省数字经济促进条例.(2020-12-24)[2022-08-11]. http://jxj.jinhua.gov.cn/art/2022/5/11/art_1229278699_58876876.html.

　　② 数字化改革术语定义:DB33/T 2350—2021.浙江省市场监督管理局,2021.

一、企业一体化、数智化改革　重构智慧营销的数字经济生态

围绕"十四五"规划加快发展数字经济,推动传统产业转型升级,已成为各行业高质量发展的重要战略举措。烟草行业作为实体经济的重要构成部分,正处于当前的历史性窗口期,在新发展理念引领下,国家烟草专卖局党组提出了"推动高质量发展、推进高效能治理、造就高素质队伍"的改革发展思路,要求着力激活数据要素潜能,畅通烟草经济循环,以数字化转型加快构建产业链一体化发展新局面,明确提出了"1+1+N"的云平台体系和一体化平台建设的"1242"总体架构,先后下发了关于行业一体化平台建设和农工商政应用系统建设的指导性文件。浙江中烟积极抢抓数字经济新机遇,以"上云用数赋智"为抓手,以数据精准赋能为方向,通过"平台化、数据化、智能化、市场化、一体化",形成了以"一体化＋数智化"为核心的总体蓝图框架,加快企业发展模式的数智化改革,实现全产业链的协同数字化转型,深度激发企业创新活力、发展潜力和转型动力。

(一)"十四五"浙江中烟的数字化建设整体情况

1."十三五"信息化建设回顾

"十三五"时期,公司党组高度重视网信工作,公司上下凝聚共识、汇聚合力,围绕公司高质量发展目标,落实"一个融合平台、五类核心应用、三大保障体系"信息化蓝图规划,基本构建形成具有"互联网＋"特征、以"云大物移智"为核心技术的融合支撑平台,深化决策、运营、制造、企务和价值链生态领域五类核心应用的建设,完善系统运维、网络安全、数据资源与标准三大保障体系,提高了公司生产经营和企业管理水平。

"十三五"时期,公司网信工作蓬勃发展,通过不断创新实践,公司信息保障和数字赋能水平得到持续提升。对照新形势下的行业要求与公司高质量发展需求,一体化、数智化工作尚存一些短板。一是"业务数据化"能力尚不完备,整体协同和精细化运营能力存在优化空间;二是"数据务化"水平不足,数据治理体系不够完善,数据驱动业务创新能力有待提升;三是新型基

础设施平台尚需完善,新老架构并存为数字化转型带来挑战;四是一体化网信治理需要持续推进,信息化应用建设与运营的管控模式需要进一步提升。

2."十四五"数智化建设框架

蓝图(见图12)总体上体现了一体化和数智化的融合,分为数字化基础设施体系、一体化协同应用和企业大脑三层架构,并配套一体化、数智化治理体系和网络安全保障。数字基础设施主要通过中台系统、云平台、工业互联网来实现。业务一体化包含了市场营销、技术研发、生产制造、物资保障和综合管理等业务单元的数智化以及跨业务单元的协同贯穿。企业大脑围绕决策和指挥体系,形成对业务进行指挥和反馈的闭环与可视化驾驶舱。

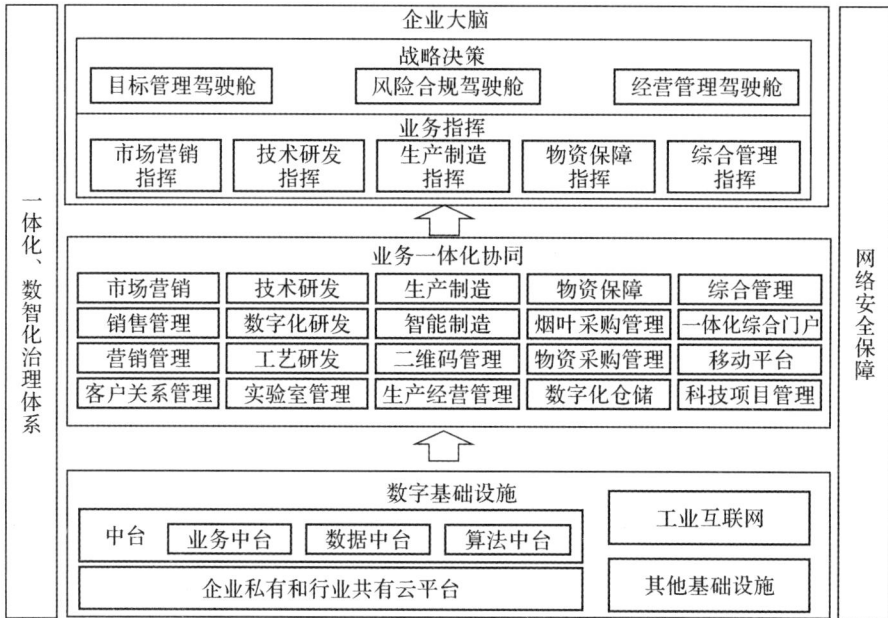

图12　浙江中烟的"十四五"数字化建设总体框架

(二)驱动市场的工商零消一体化数字经济生态建设

浙江中烟的营销数字化转型,是通过最新数字化技术,在现有信息化和业务流程化与标准化的基础上,构建卷烟从供应链到营销链的数据采集、处理、聚合和反馈的中台整合,以及在此基础上的业务贯穿,最终形成闭环,是利用数字化技术和能力来驱动浙江中烟的工商零消的生态系统重构。

1. 大型国企、央企实施营销数智化的关键难点

实现营销技术与智慧营销需求的匹配难度大。在琳琅满目的营销技术当中，如何针对浙江中烟的智慧营销需求，找准匹配的数字化技术、助推提升业务价值，而不是增加学习负担，对构建数智化的组织显得格外重要。但烟草行业特质对识别需求、匹配营销技术来说，会形成额外的挑战。在客户运营上，传统企业主要面向消费者，常用流量逻辑；而浙江中烟的客户对象主要是商业渠道用户，还有零售户，数智化的客户运营必须在全客户的基础上开展。在品牌运营上，基于传统广告、社群传播或直播的宣传和转化同样也与传统企业不同。而在产销、研销、工商的协同上，由于不同环节所考虑的核心因素需要彼此平衡，而不同环节分属不同的管理主体，导致数据获取以及决策优化等方面均存在一定失真。最后，在组织能力的建设上，浙江中烟业务遍布全国各地，营销需求差异大，人员集中培训成本高，这对营销技术的应用提出了更高的要求。

落地驱动市场型智慧营销的节奏把控难。在"十四五"公司高质量发展战略的总体部署下，数字化转型作为新动能，其关键引擎必然是通过营销业务视角主动驱动全链路转型。但是数字化转型初期投入成本高、投入周期长，并且效果呈现是综合整体式的。在营销爆款、爆点之外，还要提升综合治理能力。在这个涉及全业务、跨部门的系统性改革工程中，需要不断根据业务需求导向调整具体模块落地的优先度，根据公司战略设计设置阶段性目标，同时保证与其他科研项目的分工协同。这不仅需要项目成员对公司战略、行业环境以及客户需求有全面实时的掌握，而且需要对包括信息工程、营销技术等其他专业的术语和理论融会贯通。

评估数字化应用效果难。基于营销理论和实验方法对数字化应用效果进行检测，尽管可以筛选出相对较为优秀的应用，但是优化的绝对量仍有赖于迭代积累和对全局优化的把握。由于在实际业务中往往涉及多种因素同时变化，例如，可能同时开展多个数字应用测试，或是行业政策、宏观经济等因素发生改变，导致数字化应用所带来的变化互相影响或是被掩盖。因此，评估具体数字化应用是否有效，除了看实际销量、订购量等最终变量，还需

要结合更多的中间过程变量,以及使用者对数字应用的质性评价。这些均会给数字化应用效果评估带来困难。

2.科技专项研究与系统建设相结合的智慧营销建设和应用迭代

从具体的数字化到抽象的数字化,再到数字化转型,浙江中烟营销数字化建设沿着点、线、面、体的路径,通过外部咨询、内部科技课题、系统招标三结合的方法,在一期项目建设中分别设置了智慧营销战略研究、智慧供应链研究、智能投放策略研究、用户画像研究、全产品生命周期数智化管理研究、数字孪生仓储等科技研究专项课题,结合浙江大学等外部科研合作单位的支持,实现了从业务到部门,到跨业务和部门单元,到全企业,到产业链,再到整个产业生态系统的迭代演进。研究与建设内容主要从以下四个层面开展(见图 13)。

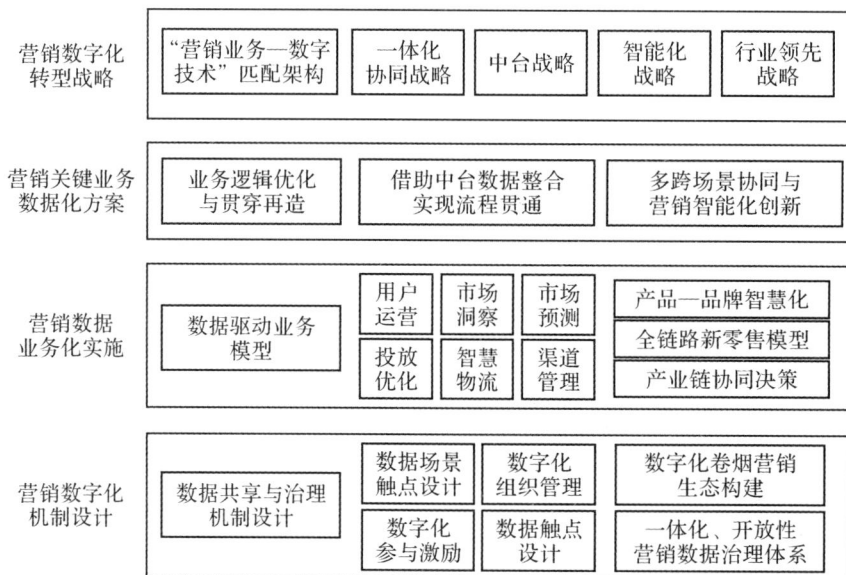

图 13　浙江中烟智慧有效的科技专项与重点建设项目

第一,营销数字化转型战略。数字化全景图的顶层设计,围绕"业务—技术"匹配,实现一体化与数智化。初期基于中台构架,重点以数字化构建营销一体化架构,实现物流与销售的一体化(网配模式带动物流深化变革)以及不同业务单元之间的统筹。后期重点面向全行业领先的智能化战略路径,实现卷烟营销点、线、面的全面转型升级。

第二,营销关键业务数据化方案。围绕业务数据化方向,基于数字化逻辑对营销业务进行梳理与优化再造,包括对共性部分进行沉淀和统合,从数据中台向业务中台逻辑转变,对个性化、场景化的重点进行研究与打造以形成示范性应用。后期重点围绕大型场景实现多样化、跨流程、跨部门业务的整合。

第三,营销数据业务化实施。围绕数据业务化方向,在各关键业务模块和战略业务单元内,从关键问题入手,建立数据驱动业务模型,逐步实现智慧营销。后期重点从局部优化提升为整体最佳,包括产品和品牌的智慧化管理、基于全链路和全域的新零售业务模式、面向产业链协同的智慧决策。

第四,营销数字化机制设计。构建营销数字化的管理与治理基础,包括内部数据共享机制、组织设计与激励、数据治理、数据触点设计等。后期重点面向营销全生态构建具有开放性的数据治理体系。

(三)从市场驱动到驱动市场:浙江中烟智慧营销的阶段性经验总结

浙江中烟以"驱动市场型的智慧营销"为"十四五"数字化建设目标设计企业未来营销数字化转型战略,与现有的数字化方法相比,其提出了一套能够具象化"驱动市场"的特征并通过"智慧营销"数字化体系设计来实现的创新方法。浙江中烟将"驱动市场"以智慧营销逻辑分解为精准洞察预见、精密计划闭环、弹性销售投放、深度市场运营、长周期产品管理和高效系统化决策六大步骤,最终通过信息系统科学设计和迭代优化相结合的方法,实现最终战略目标。主要创新点体现在数字化转型方法论、建设内容与路径、信息系统设计科学和数字资产管理四个方面。

1.以"驱动市场"为理念内核提出数字化转型创新方法论

浙江中烟的企业数字化转型方法论以公司"十四五"战略和"十四五"一体化、数智化升级规划为纲领,以浙江数字化改革 V 字模型和数字经济建设蓝图为依托,以数字化转型六图法(见图 14)为框架,确保建设目标和应用成果在满足前瞻性与兼容性的同时,统筹卷烟销售业务对实用性和行业特性的需求。

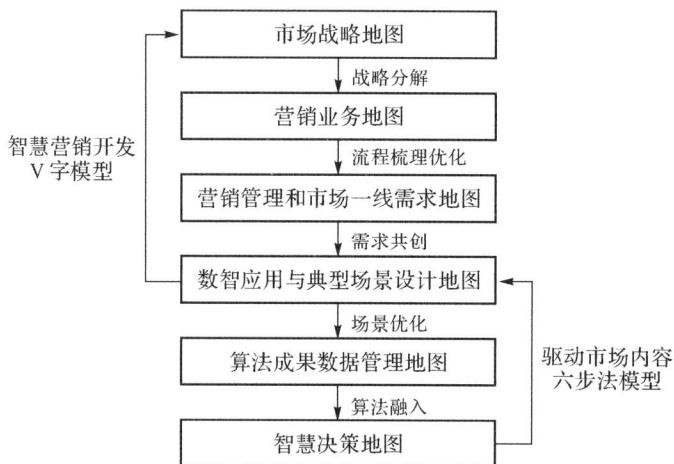

图 14　浙江中烟的驱动市场智慧营销六图法

该创新通过滚动推动企业转型,分布式进行需求采集和措施实施,可以解决传统数字化转型中需求不清晰、应用开发缺乏数据和算法迭代支撑的矛盾。同时充分发掘浙江中烟积累的特色经验以调动内部转型潜力,将各业务流程的信息化、智慧营销的数字化与基于产业大脑理念的营销大脑相融合,实现具有浙江中烟特色的智慧营销。该创新方法相较传统数字化开发方法而言更能够衔接浙江中烟内部各版块业务转型,同时也更能够衔接浙江中烟与浙江数字经济建设。

2.以"驱动市场"为步骤内容精心设计智慧体系建设路径

传统数字化建设往往以现成的数字化技术框架为模板,通过对既有系统结构的局部调整与优化来开展工程化规划设计,无法满足复杂需求或应对建设过程中出现的新变化。浙江中烟以数字化营销前沿理论为依据,以驱动市场战略要求为指导,先对营销目标和市场需求洞察要求、支撑和运营体系的自动化及敏捷化要求、数据积累与算法迭代等提出了整体性的目标;然后回归底层,对现有信息系统框架进行诊断并对数据资产展开盘点,并结合业务需求,提出数字化施工路径。从上到下、再从下往上的滚动建设路径,保证了营销大脑与终末端一线之间的定期同步,使驱动市场型智慧营销在落地建设的同时能更新调整路径,比传统数字化建设方法更灵活、高效。

3. 以"驱动市场"为协同目标开展数字应用和场景设计

在传统数字应用研发中,业务方与技术方的关系相对割裂,术语不通、目标不一,开发时间冗长且成果有偏差。浙江中烟采用了包括共创会议、典型画像在内的方法,对关键性数字化需求进行场景化的需求刻画;并结合团队共创和行动学习,形成更加切合实际业务需求、具有一线智慧、能够快速落地实施的需求描述。该方法较传统数字化建设中的访谈和表格填写法更能够形成准确的数字化开发需求。传统数字化转型规划不涉及对数字应用在具体场景实施中的效果的迭代优化,也缺少相应的方法论支撑。浙江中烟采用基于大数据的 AB 测试和田野实验方法,在真实应用场景中,通过设置不同的数字化方案条件组,结合真实市场变量,通过试运行一段时间的大数据,建模分析得出关键影响变量和最佳方案,比传统数字化方法更具科学支撑。

4. 以"驱动市场"为可持续要求进行算法成果与数字资产的管理

传统数字化转型鲜有涉及对企业数字资产的盘点和管理,然而数字资产不清晰意味着企业在创新中无法衡量数字化转型的成本与收益,进而无法在全链路上对数字应用进行整体优化。浙江中烟创新地以算法嵌入为抓手,根据六图法步骤,在算法部分从需求出发,结合智慧物流、投放、运营、产品生命周期等同步项目的研究成果,形成一批可以不断迭代的算法池。在此基础上,综合考量算法效率、应用场景特征和具体部门需求等因素,为企业进行数字资产的盘点、清理和优化等数字资产管理提供依据,提升驱动市场型智慧营销的可控性与透明度,能提供比传统数字化方法更清晰的数据洞察。

二、数字化改革引领乡村振兴　赋能金华农业特色产业全面振兴

2022 年 2 月,浙江省委、省政府印发《关于 2022 年高质量推进乡村全面振兴的实施意见》,明确坚持数字化改革引领,高质量推进乡村全面振兴。产业振兴是乡村全面振兴的基础。花卉苗木作为高质量发展阶段的"朝阳

产业"，在助力乡村振兴、推进生态文明和美丽中国建设等方面发挥了重要作用。当前，该产业一方面受"非粮化"整治等宏观政策影响，发展空间受到土地等要素的制约；另一方面受疫情等外部环境冲击的影响，销量和价格均出现不同程度的下滑。金华位于浙中生态廊道核心，是中国十大花卉苗木主产区之一，其中金东区更是浙江省花木行业的靓丽"金名片"，造型苗木销售量、树桩盆景面积位列华东地区第一，建立了华东最大的花卉苗木交易市场，在全国有很大影响力。近年来，金华着力推动一体融合改革，既有效解决了"非粮化"整治背景下农业特色产业高质量发展问题，又推动了产业融合创新并提高了农村社会生产活力。浙江数字化发展与治理研究中心团队多次赴金华进行深入调研，探索数字化改革引领高质量推进农业特色产业全面振兴路径，并形成本调研报告。

（一）农业特色产业振兴面临较大挑战

农业特色产业振兴是推进资源禀赋地区实现共同富裕的关键。金华市金东区的造型苗、盆景苗和佛手苗特色鲜明，产业位居当地农业六大支柱产业之首，能有效带动观光旅游与休闲服务业发展，提升劳动工资性产值以及物流业产值，是农民增收致富的主要途径。在"非粮化"整治与疫情等多重影响下，以金东花卉苗木为代表的浙江省农业特色产业发展面临一系列挑战，主要表现在以下五个方面。

第一，政策性约束对产业规模产生较大影响，亟须同步提升粮食和特色农业种植收益以保障收入增长；第二，在疫情等外部环境冲击的影响下，线下交易活动受到限制，亟须加快市场、种植户等主体信息流通并建立完善的线上双边市场；第三，产业主体"散、小、弱"特点明显，经营化水平较低，科技转化率不高，品牌意识薄弱，亟须打通产业链上下游以形成整合优势；第四，农业、工业、金融业等领域交叉"微创新"能力较弱，亟须加速产业融合，催生新业态、新模式；第五，资源、设施及产业服务体系配套滞后，产业层次较低，亟须推进制度重塑，实现全流程闭环管理与精准服务供给。

(二)数字化改革赋能农业特色产业全面振兴的金华实践

针对上述痛点、难点问题,金华以数字化改革引领,全面提升整体数字治理与服务能力,推出"金地智管""金地码""金林码"等应用,强化数据资源管理和利用,不仅提高了亩产收益,更催生了"纵向产业链条成闭环,横向产业发展有创新"的跨产业融合发展新局面,打造了现代花卉苗木产业创新服务综合体,以数据流重塑政府、市场、农户、高校等多方主体的全流程协同联动、实时监管与智能服务供给体系。

1.打造农业农村数改"最佳应用",同步实现"耕地保护+种植帮扶"

以技术、业务、数据融合为主线,提升土地协同管理水平,打通农业农村、资规、民政、气象、水务等多部门的数据壁垒,利用卫星和无人机遥感、地面物联网等现代空间信息技术,打造"金地智管"数字驾驶舱,精准获取全区24.33万亩永久基本农田和3.05万亩粮食功能区的基础图像动态数据,夯实数据底座。结合使用全区30.6万个土地确权地块矢量数据,通过算法开发粮食功能区内3.5万个区块的数字地图,按未整治区块、已整治未确认区块以及正常种植区块,衍生出划分为红、黄、绿三色的"金地码",利用人工智能识别、动态抓取疑似出现"非粮化"的区域,2021年完成整治面积1.56万亩、完成率89%,非粮化率下降至11%,完成种植面积1.18万亩,实现种植率75%。

提高种植服务水平,将"农户怎么种""市场怎样销"等高频需求作为切入点,为农户提供量身定制的测土施肥、供需分析、技术推广等全流程多样化服务。截至2020年底,通过应用收到申请测土点位2021个,已为1686个农户提供检测服务以及满足"一地一方案"要求的个性化施肥方案,推送产销信息4.5万条,签约交易额达2000多万元。"金地智管"通过"农业数据一张图""产业分布一张网""经营主体一本账"加速"政府+市场"数据库建设,逐步实现"以地管粮、以地管农、以地富农",并上榜全省农业农村数字化改革首批"优秀应用"。

2.加速产业数据融合创新,系统推进"生产变革+生活变革"

带动二产创新,针对产业"散、小、弱"问题,开展花卉苗木全产业链的规划设计,基于研发、种植等全链路数据分析,聚焦新品种培育、新技术应用创新、产业转型升级趋势。按照"做大一产、发展二产、带动三产、赋予文化"的中心发展思路,开展"三中心(科创研发、综合服务、人才培训)、二体系(协同创新、农民增收)"建设。以数据作为新生产要素,充分融合政府、企业数据,以数据流为纽带,发挥电动工具产业集群优势,联合浙江省农业机械研究院及相关企业,围绕上下游产业相关设施设备开展技术创新及研发,以农业数字化转型带动现代化基础设施设备、农机装备、园林工具的科技创新升级。

推进三产融合,"农业+生态+文化+旅游"融合发展,以建设"幸福美好家园、绿色发展高地、健康养生福地、生态旅游目的地"为目标,协同推进园区景区化建设,打造金华花卉生态示范园、锦林佛手文化园、金东区美丽庭院、浙中桃花源、渔歌小镇菊园等一批数字化种植、体验景区项目,使园区由单一的农业生产功能向乡村休闲游憩、农事体验、科普实践等多功能转变,并通过借力"互联网+"催生农旅深度融合以及新经济、新业态,加速城乡融合,推动生活方式变革。

3.重构政府数字政务体系,一体提升"治理能力+服务水平"

有效串联起花卉苗木从育种、种植,到销售、服务、文旅的各个核心环节,在加大智慧园林、智能温室、植物保护等数字化农具使用,以及发展自动化控制的具有自我生态循环体系的智能化苗圃的基础上,进一步融合精品苗木数量、乡镇分布、品种、价格等大数据,构建"金东区花卉苗木资源库",以"金林码"平台为载体实现精品苗木盆景电子身份信息管理,赋能提升精品苗木种植经营户的数字化营销能力、管理能力和服务能力。同时,规范整顿市场,提升数字治理能力,打造花木价格指数发布平台,围绕市场价格涨幅、综合性涨跌以及市场供需,为苗木后期种植提供指导性意见,打造精品以提升区域品牌形象。

建设2万平方米产业创新服务综合体,构建以政府主导、校企深度合作、社会力量积极参与的"政产学研用"协同创新机制及跨区域联动的线上线下多跨协同网络。全面整合提升现有产业研究院等产业科研力量,政府、企业、社会等多元主体共建技术推广应用中心,打造涵盖一站式服务平台、产业联盟、金融服务等的产业创新公共服务体系,涵盖产业研究院、设施设备研发平台、新零售及物流服务平台等的技术创新体系,以及包含培育种植、人才培养、苗木嫁接、品牌建设等的现代花卉苗木产业创新服务体系。通过综合体的辐射带动效应,建成一个省级现代农业综合区、六个主导产业示范区、八个特色农业精品园。

(三)进一步推进数字化改革引领农业特色产业全面振兴的建议

金华实践表明,坚持数字化改革引领是充分落实"非粮化"整治政策,推进产业融合,激发社会生产发展活力,重塑全要素、全产业链、全价值链贯通的经济运行系统,推动乡村全面振兴的重要方法与路径。为进一步深化乡村一体融合改革,妥善解决浙江省各地传统特色农业高质量发展面临的共性问题,发挥农业特色产业的带动效应,提出以下建议。

第一,打造"平台＋大脑"的方式系统,全面提升数字治理能力。打造省一级特色农业综合体一站式服务中心,以中心为载体打造农业产业大脑,上线全省通用"耕地一张图""浙林码""浙农码"等标准化应用,并建立全省永久基本农田和粮食功能区的基础图像数据库、特色产业数据库、产业上下游数据库等平台,以"平台＋大脑"的方式打造"集约建设、互联互通、协同联动"的政务应用系统。建议以金东区为试点,全面整合分散化、碎片化的特色农业信息资源,建立省级花卉苗木资源库,实现差异化种植与经营,提高政府数字治理能力;梯队式培育龙头企业、工匠艺人等带动行业发展的领军企业、人物,通过行业协会牵头,不定期组织交流学习,逐步提高农户数字素养及政府与市场的数据融合度,引导产业数字化转型,扩大和增强数字化改革红利的覆盖面与普惠性。

第二,推动多级产业融合,全面激发"生产＋生活"数字变革动能。以特色农业带动产业集群发展,带动区域产业价值链升级。从种植端入手,融合多产业数据流,进一步释放数据价值,通过与第二产业的深度融合,优化土地、原料、工具、设备等生产资料的供给与升级,并通过生产资源的优化配置、质量信号的充分释放等路径,聚合加速传统生产方式的集约式创新,牢固农业这一乡村发展的根本,并系统性地打造现代化产业。同时,聚焦美丽乡村建设,通过与土地制度改革、城乡医疗改革等相结合,加大文化、旅游、医疗等领域的融合创新,跨区联动打造主题特色文旅游览线、老年健康疗养带等综合性项目,以线上模拟、线下感知的模式,推进绿色发展,以数字文旅加速城乡融合,助推生活方式高质量发展。

第三,重塑协同创新体系,全面构建"改革＋应用"数改制度保障。构建以政府主导、校企深度合作、社会力量积极参与的"政产学研用"协同创新服务机制。搭起跨区域联动的线上线下协同创新网络,实现域内数据共享、技术共用、平台共建、创新共生、服务共赢,以数据要素带动特色农业产业在全产业链上的技术、成果、人才、资金等要素的优化整合,推动创新载体物理集聚和机制融通,推动各主体相互赋能、资源共通、设施共享、价值共创,形成创新要素规模效应并加快聚合反应,形成创新成果高效孵化的体制机制。[①]充分应用大数据、云计算、区块链等数字技术,构建全生命周期的数字化治理闭环,打造质量追溯与服务保障体系。同时,强化平台运行的实时监测,通过具有权威性的第三方研究机构,定期推出涵盖市场行情、销售状况、种植户收入等综合信息的月度、季度报表,发布行业年度综合评价报告,形成数字治理、服务与科学评价的量化闭环。

三、打造浙企服务综合平台　企业码创新服务企业模式

企业码应用是全省数字经济系统重大应用之一,是深化"最多跑一次"改革、服务企业的重要平台,通过梳理"三张清单"和核心业务,明确顶层设计,聚焦企业需求,以"小切口、大场景"的改革突破法和打造"最佳应用"的要求,建设涉企服务综合平台,构建全天候、全方位、全覆盖、全流程服务企业的长效机制。

(一)需求分析

2020 年 4 月,在统筹推进疫情防控和经济社会发展的特殊时期,习近

---

① 车俊:全面提升建设实效 更好服务企业产业.(2019-04-29)[2022-08-11]. https://zjnews.zjol. com. cn/gaoceng_developments/cj/newest/201904/t20190429_10021444. shtml.

平总书记考察浙江时对数字产业化、产业数字化推进政府治理现代化等工作作出重要指示,浙江省委、省政府借鉴健康码的成功经验,提出打造基于大数据的企业码。[①]

从重大任务出发,企业码工作主要面临四大需求。一是政府服务角度,企业码是推进服务企业数字化的内在需要。需要汇聚公开和企业授权使用的数据资源,采集并丰富数据,实现应用场景多元化。二是企业需求角度,企业码是帮助企业纾困解难的举措。需要加强部门、企业、第三方机构间的联系和对接,打通多平台、多系统之间的数据断点,实现服务留痕、现场指导、困难提交、受理办理、意见反馈和企业评价的工作闭环,提高服务效能,降低行政成本,增强企业获得感。三是服务生态角度,企业码是优化企业营商环境的必然需求。需要整合优质服务资源,提供企业成长全周期的一站式服务,完善服务体系,构建亲清政商关系。四是服务创新需要,企业码是深化"最多跑一次"改革的创新探索。需要快速形成数据中台系统,贯通涉企数据供应链,实现多部门业务协同,畅通办事流程,丰富应用场景,真正实现"最多跑一次"。

(二)建设思路及路径

1.建设思路

按照数字化改革一体化推进思路和平台贯通、应用贯通、数据贯通目标,将企业码建设作为争先创优、服务企业、破解企业发展难题的突破口,围绕政策直达、公共服务、产业链合作和政银企联动等环节,统筹推进全省企业码建设应用工作,按照省里管规则、基层抓应用、省地联动开发应用场景的原则,依托统一用户体系、统一数据接口、统一应用框架,建立以省级平台为中心、地市平台为特色专区的服务企业综合应用系统,将企业码打造成为数字经济综合应用门户企业侧移动端的主要入口和浙企服务跑道的重要应用。

---

① 习近平在浙江考察时强调 统筹推进疫情防控和经济社会发展工作 奋力实现今年经济社会发展目标任务.(2020-04-01)[2022-07-09].http://jhsjk.people.cn/article/31657786.

2.建设路径

推动惠企政策场景建设。一是把控政策发布质量。建立动态巡检机制,晒晒各地、各部门政策发布情况,确保政策公开的准确性、时效性。通过"人工智能＋人工辅助"方式,迭代升级政策推送算法,提升政策推送效果。二是开通政策直兑功能。开发基于企业码的政策直兑系统,打通直兑系统与财政国库支付系统的连接通道。同时,打通企业码与各市已建政策兑现系统的通道,建立全省统一入口的惠企政策平台,初步实现惠企政策从一网可查向一网可办转变。三是推进惠企政策全流程试点建设。在嘉兴市开展惠企政策全流程试点示范,探索政策推演、发布、推荐、兑现、监管、评估的全流程在线机制。四是开发并上线一指减负应用。汇集省级20多个部门40余条减负政策和数据,实现企业减负政策的一指查询、一指评估和一指办理。

推动企业诉求场景建设。依托省信访局、省委督查室、杭州海关的横向工作协同机制和省、市、县三级纵向工作联动机制,建立以企业码为枢纽的诉求办理系统,形成诉求快速提交、后台及时受理、部门限时答复、企业满意度评价的工作闭环,企业码日均受理企业诉求260多件,平均每件的处理时间为0.98天,办结率达99.8%。

推动服务生态场景建设。一是整合优质服务资源,制定企业码入驻服务机构管理办法,建立省市联动审批管理机制,遴选一批专业过硬、服务优质、信誉良好的社会服务机构和应用产品上平台,推动服务活动对接在线化,截至2022年2月,累计认证上线服务机构15816家,发布服务产品31326个,接入银行金融机构163家。二是开通服务活动中心。汇集全省企业公共服务活动,建立以企业码为统一入口、服务活动规范开展的服务机制,实现全省码上服务活动一张表排单、一个码签到、一套标准评价的服务企业工作闭环,截至2021年底,全省累计开展6736场线下服务活动、30.5万人次参加。三是开通企业码直播间。高标准建设企业码直播间,组建运营团队。建立覆盖全省的企业码直播系统,整合全省各地的直播活动,围绕企业关切问题,提供政策解读、热点分析、项目申报辅导、培训授课、企业家经验分享等公益直播服务活动,截至2021年底,全省累计开展和发布直播活动 1788 场、943.6 万人次观看。

推动创新互动场景建设。一是积极打造政企互动场景。将企业码扫码作为各地开展"三服务"工作的重要支撑,全省各地数万名驻企服务员通过企业码服务企业,实现机关干部现场走访企业、扫码了解企业、帮助企业解决问题等全流程在线留痕,截至 2021 年底,累计记录各级机关干部走访企业 251.2 万次。二是探索打造银企互动场景,开发企业码授权功能,数字化赋能银行业务办理,实现法人办理银行征信、柜面等业务的远程授权。截至 2021 年底,杭州联合银行 137 个网点开展企业征信业务和柜面业务授权应用试点,累计授权 3000 余次,单笔业务完成时间最快可缩短至两分钟。三是鼓励企业互动用码。完善企业数字名片,丰富企业画像,推动企业相互扫码了解信息,促进商事合作。

(三)应用成效

找准企业重大共性需求,加快企业码功能开发和应用,帮助企业纾困解难,加强服务能力提升。

1.场景应用成果

企业码综合集成 54 个省级部门、542 项企业公共信息数据,建立覆盖全省或全部市县的企业码地方专区 114 个,集成 1153 个服务事项,全省累计 266.7 万家市场主体领码,访问量超过 3.3 亿次,23.1 万件企业诉求"码"上解决,各地互联互通"码"上兑现政策资金 996.6 亿元,已上线的减负降本政策为企业减负 2700 多亿元。

2.制度成果

制定出台《浙江省人民政府办公厅关于加快"企业码"建设和应用构建全天候全方位全覆盖全流程服务企业长效机制的意见》(浙政办发〔2020〕83号)。标准化企业码应用使用规范,草拟《企业码使用规则》团体标准。不断完善服务体系,提升企业服务数字化、精细化水平,发布《浙江省企业码平台考评办法(试行)》《浙江省企业码平台(企业服务综合平台)入驻服务机构管理办法(试行)》等规范办法文件。

(四)改革突破

一是打造一站式服务平台。集聚服务资源、重塑服务流程、优化服务质量、创新服务应用,破解企业找服务难、政府服务企业难的难题。通过移动端一站式服务,提升企业的获得感,实现服务企业由多头离散到综合集成、由单打独斗到多跨协同、由线上服务到线上线下融合的改革突破。

二是完善企业全生命周期服务体系。从高频事项入手,找准企业成长和服务的痛点、难点,将关键环节与重点场景紧密贴合,建立企业画像,通过线上化和数据化提高服务效能,构建企业服务长效机制。

三是促进数据流动共享。打造数字经济综合应用门户企业侧移动端的主要入口,赋能数字经济系统各类应用,链接产业数据仓,推进跨部门数据归集和互联互通,同时积极与场景协同单位对接交流,推动省、市、县三级场景应用全面贯通。

四、化工产业大脑贯通"四链" 赋能产业生态数字化服务

化工产业大脑以建成"政企协同、开放赋能、生态创新、持续发展"的产业大脑为建设目标,由宁波市牵头,浙江省 11 个地市联建,镇海区承建。[①]
2021 年上半年,化工产业大脑 1.0 版已经上线,其中,政府侧已上线"浙政钉"的产业链分布、亩均效益、园区管理、环境保护、能源消耗、生产安全、智能制造诊断评估七个应用场景,企业侧上线浙江政务网的供应链物流、物资联储联备、链商查、发展现状、产业地图、高阶分析、能耗管理、安全生产、设备管理、智能制造诊断、应用市场、标准规范、规范引导、企业对标 14 个应用场景。化工产业大脑围绕数字经济建设目标,以"产业大脑＋未来工厂"为核心,以贯通产业链、供应链、资金链、创新链"四链"为目标,为全省化工产业提供多元综合应用服务。

化工产业大脑以一个平台、N 个智慧园区、四个版块框架搭建应用场景

① 宁波市镇海区经信局.化工产业大脑:贯通化工产业"四链".信息化建设,2022(5):20-22.

体系,即构建一个针对化工产业的政府治理场景系列(浙里化工),打造 N 个智慧园区平台联通企业,深化企业侧四个板块(新制造应用、共性技术、产业生态、公共服务),按照"企业(未来工厂)—园区(智慧园区平台)—政府(浙里化工)"的路径,实现产业大脑和"未来工厂"的融合,为政府提供化工全生命周期监管,为企业生产经营提供数字化赋能,为产业生态建设提供数字化服务。

(一)浙里化工融合数据整理、治理场景

化工产业大脑打造了一个针对化工产业的政府治理场景的平台——浙里化工。浙里化工是以园区为单位,打通经信、应急、环保、交通、能源、自然资源六家单位的数据,汇集园区平台实时数据,通过数据汇聚、清洗、建模,绘制出十个融合发展与创新的子场景,包括产业总览一张图、亩均总览一张图、园区总览一张图、智能制造诊断评估一张图、安全总览一张图、危化品总览一张图、应急总览一张图、环保总览一张图、数据共享一张图、产业链图谱一张图。

通过产业总览一张图可以从全省角度分析化工产业的发展情况,一图掌握全省化工产业发展全貌;通过亩均总览一张图直观呈现产业、园区的亩均效益及近年来的趋势变化,引导产业高效发展;通过园区总览一张图展示园区总体面貌,涵盖园区主体产业发展规划、安全生产、能源消耗等内容,提升园区综合管理能力与水平;通过智能制造诊断评估一张图帮助政府监测产业发展现状并预测趋势,为制定产业政策提供直观的数据参考。

目前,这些子场景通过跨部门、跨层级、跨领域、跨系统、跨业务等多跨场景协同,充分发挥了化工产业大脑数据在深化改革、转变职能、创新管理中的重要作用。

(二)"1＋5＋X"开展智慧园区平台

为联通企业,化工产业大脑以"1＋5＋X"模式打造了 N 个智慧园区平台。其中,"1"代表每个园区建设一个驾驶舱,在一张图上集中展示化工园区基本情况、产业分析、企业画像等信息,实现一屏掌控。"5"代表安全、应

急、封闭、环保、能源五个基本模块。其中,安全模块主要实时展示园区内人员、隐患、摄像头、危险源的分布点位,拥有"两重点一重大""安全指数""危险作业管理"等子模块。应急模块主要通过对园区内应急物资、应急指挥人员、重要点位等数据的分析,实现应急事件智能化处置。封闭模块主要用于园区内危化品车辆运输管理,通过与省"浙运安"平台业务协同,在园区内设置电子围栏,掌握园区内危化品运输车辆行驶轨迹,规范驾驶行为。环保模块重点实现对水、气和固废排放的智慧化管理,实时监测园区空气环境、有毒有害气体排放、地表水质量等十余项数据,实现精确预警和自动处置。能源模块对园区企业的电、蒸气、煤和天然气使用情况进行监管,为能源双控提供高效管理手段。"X"表示结合各园区产业特点选定场景,打造多个特色应用。

2021 年 10 月,以建德化工园区为试点打造的"标准版"样本完成建设,同年底,镇海化工园区作为"深化版"样本建成。

(三)以企业侧重大场景应用深化"未来工厂"建设

以共营共享思维实现物资联储联备。化工产业大脑运用共享经济的思维,通过构建三级仓储物流网络,实现"客户、平台、供应商"的备件共营共享。该场景上线产业大脑不到半年,就有 71 家企业接入业务,产生 270 多万元交易金额,为企业释放超过 70% 的现金流占用。

以全生命周期管理提高设备管理水平和效率。化工产业大脑监测设备的运行状态和健康状况,有效评估设备的生命周期并预测备件更换时点,打造设备故障知识库,提高设备管理部门的管理水平和业务处理效率。

以产业上下游联动实现采购提效降本。化工产业大脑打通了产业链上游原材料和下游产品市场,促进原材料的一站式采购和产品的推广。截至2021 年 10 月底,企业注册用户数超 1 万家,交易额超 14 亿元,提升企业采购效率 60%,降低采购成本 20% 以上,并为其采购决策和战略制定提供数据支撑,帮助工业企业优化供应链管理能力。

以"新智造"应用深化"未来工厂"建设。化工产业大脑以化工企业数字化转型需求为导向,服务企业智能化改造,为行业企业提供能耗管理、安全生产、设备管理等应用,将逐步上线研发设计、环保管理、智能生产、智能仓储等各类应用场景。通过"新智造"应用场景的落地,助力企业"未来工厂"建设,如化工产业大脑与宁波博汇化工开展深度合作,逐步实现数字化设计、智能化生产、数字化管理、绿色化制造、安全化管控,成功助力宁波博汇化工入选年度省级"未来工厂"试点企业名单。

(四)探索"产业大脑+未来工厂"产业生态和运营模式

目前,化工产业大脑实现省、市、区、企业四级贯通,已上线场景 21 个、工业 APP2000 多个、接入 1 万余台(套)设备、引入生态合作伙伴 400 余家。下一步,化工产业大脑将继续上线更多应用场景、接入更多智慧园区、探索产业大脑的运营机制。

深化探索"产业大脑+未来工厂"产业生态。一是以宁波博汇化工为模板,依托化工产业大脑建设,在化工行业深入推广"新智造"应用模块,打通企业内部数据孤岛,打造一批"未来工厂"试点企业。二是深挖化工产业大脑数据,加快已上线应用间的互动,如联储联备与设备管理应用间的数据交互,推动应用升级,深度赋能企业转型升级。三是围绕"产业大脑+未来工厂"生态建设,召开应用场景路演活动,引进一批生态合作伙伴,丰富产业生态。

推进智慧园区平台建设接入工作。截至 2021 年 10 月底,园区方面已完成 22 家化工园区数字化管理平台建设与接入化工产业大脑工作,覆盖规模以上企业 600 余家。下一步,将继续以"1+5+X"模式建设智慧园区平台,通过召开现场推广会等方式,按省经信厅的相关工作部署,以镇海、建德为样本,完成全省 52 家园区平台升级。

加快应用场景更新上线。化工产业大脑将围绕产业生态、推广"新智造"应用、分享共性技术、服务集成四大模块,迭代升级已上线的重要应用场景,如联储联备、智能制造诊断评估、线上商城、设备管理等应用。同时,按建设目标,继续设计开发新的应用场景,如研发设计、智能仓储、智能生产、园区画像、企业画像等。

探索建立化工产业大脑运营机制。根据《浙江省产业大脑建设运营管理办法（试行）》，探索建立化工产业大脑运营机制，以"市场为主、国资参与、各方共建"的方式组建运营公司，兼容公共属性和盈利属性，按照市场化方式运作。探索建立以产业数据资产管理为主的盈利模式，成为以数字化手段支撑行业监管与服务的数字经济新模式、承接政府职能转变的探路者。

数字社会

数字社会是为了满足群众高品质生活需求和实现社会治理现代化，以与社会治理相关的数据、模块及应用为手段，为群众提供全链条与全周期的多样、均等、便捷的社会服务，为社会治理者提供系统、及时、高效、开放的管理方式，形成城市和乡村更公平、更安全、更美好的一种社会形态。数字社会包括幼有所育、学有所教、劳有所得、住有所居、文有所化、体有所健、游有所乐、病有所医、老有所养、弱有所扶、行有所畅、事有所便等领域。[①]

建设数字社会有助于推动社会可持续发展，构筑全民畅享的数字生活，满足人民美好生活愿望，真正推动全民共享数字红利，实现普惠包容。本章选取了"浙农服"平台赋能数字农合联、数字化改革赋能未来社区、县域医共体联动智慧医疗以及构建家政服务业数字治理生态四个案例，作为数字化改革智库研究联盟 2021 年在数字社会领域的代表性研究成果。

一、"浙农服"平台赋能数字农合联　打造为农服务新模式

(一)建设背景

在历届浙江省委、省政府的高度重视下，2017 年，省、市、县、镇四级"三位一体"农合联组织体系全面建成(见图 15)。

---

① 数字化改革术语定义:DB33/T 2350—2021.浙江省市场监督管理局,2021.

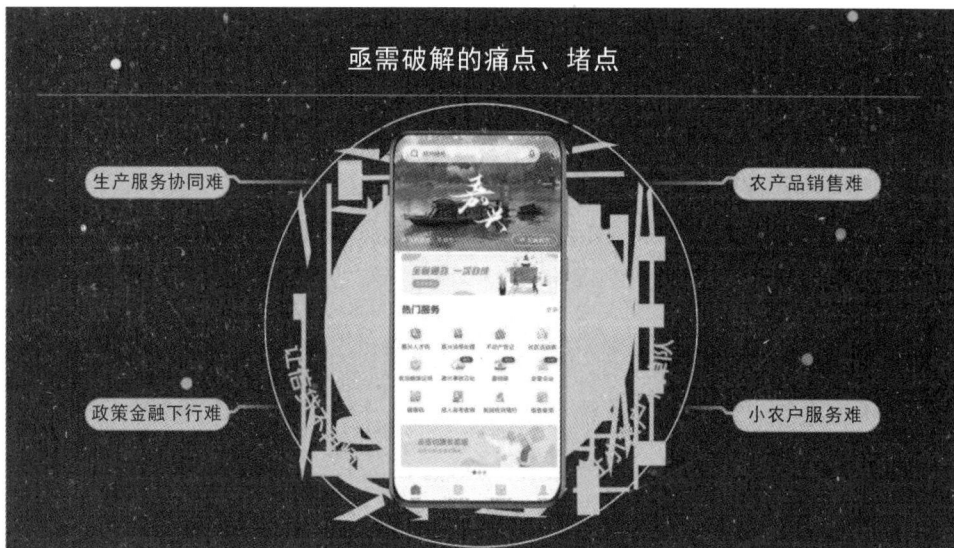

图 15　"三位一体"改革亟需破解的痛点、堵点

但要实现"三位一体"全面覆盖、高效协同,还需为农合联组织插上"数字化"的翅膀。浙江省供销社提出了"让生产不再难,让产品不愁卖,让信贷不再烦,让小农户不掉队"的口号,并探索开发数字农合联,打造为农服务新模式。

(二)主要做法

第一,开发建设"浙农服"平台,实现与"三位一体"改革的高度契合。平台横向联结农业农村、农业科研、气象、财政、供销、农信、保险等 20 多个部门和单位,纵向贯通省、市、县、镇、村五级,集成生产服务、流通服务、金融服务和政府服务等八大系统,构建数据仓 16 个,整理数据目录 2032 项,协同解决种什么、怎么种、卖给谁、找资金、办保险、领补贴等问题,实现惠农政策"一屏智治"、为农服务"一键直达"、农业产业"一网集聚"、农品安全"一码溯源",形成全面、广覆盖、精准、高效的"三位一体"(见图 16)。

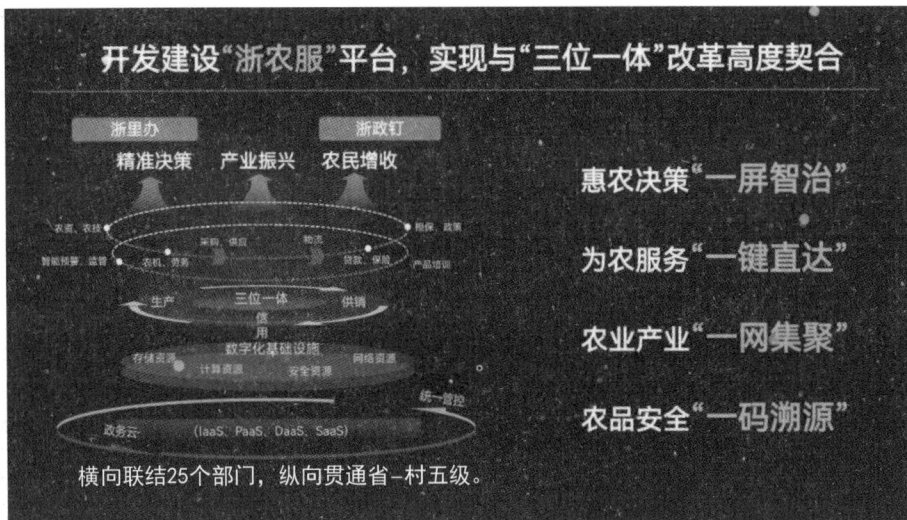

图 16　"浙农服"平台做法

第二,打造为农服务"公共汽车",实现政务服务和商务服务有机融合。平台既为新型农业经营主体等服务对象提供信息共享、生产指导、政策支持等政务类服务,也为他们提供农资农技农机、加工销售品牌、信贷担保保险等商务类服务,形成服务供需双方、供给各方信息对称、合作共生、高效协同、整体智治的"为农服务一件事"格局(见图 17)。

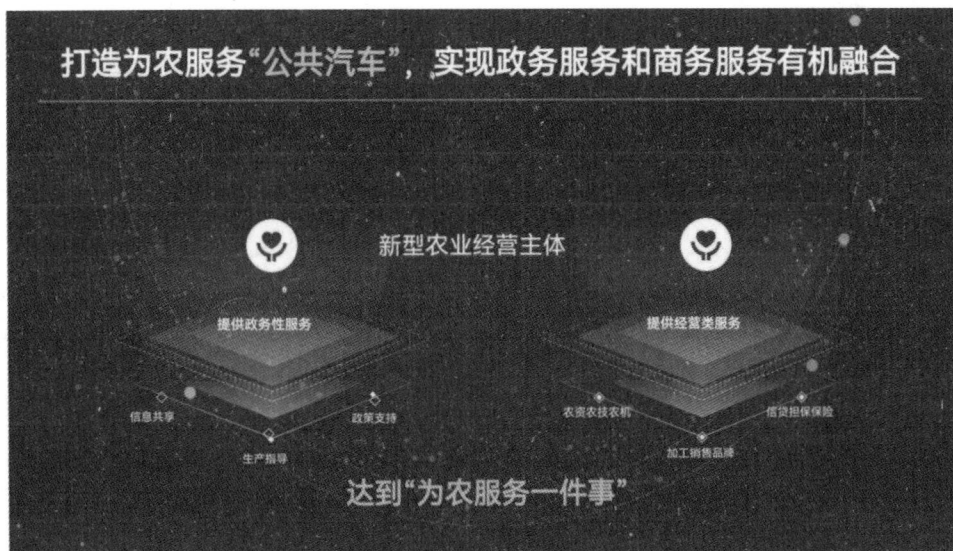

图 17　"为农服务一件事"

第三，设立"农合数字科技公司"（见图 18），建立平台运管长效机制。公司负责平台开发推广、运营维护、迭代升级和各地特色应用场景开发服务，形成"一地持续创新、全省普遍应用"和"全省统一平台、地方特色应用"的长效机制。

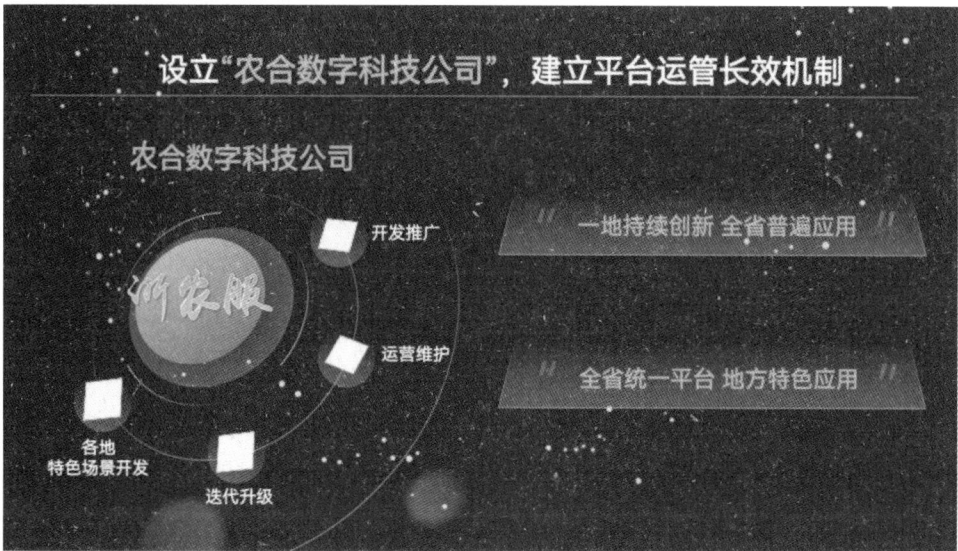

图 18　"农合数字科技公司"

（三）改革成效

平台形成七项理论成果、出台 12 项制度规范（见图 19）。建设成果得到时任浙江省委书记袁家军、全国供销合作总社党组书记韩立平的肯定。2021 年 10 月，全国供销合作总社主任梁惠玲到浙江调研时指出：全国供销系统应加快"浙农服"的复制和推广。[①] 新华社、每日电讯、领跑者等多家媒体一致点赞。

供销社主导、公司化投资、市场化运营的方式使平台被快速复制和推

① 数字农合联打造为农服务新模式喜获"2021 年度浙江省改革突破奖"铜奖.（2022-02-12）[2022-07-09]. https://mp. weixin. qq. com/s?＿biz＝MzI5NTAxMDg3Mw＝＝&mid＝2649029685&idx＝1&sn＝cd90b1f0939585b993c9edf1a6e69536&chksm＝f44a4b6c33dc2752530d6e506955c55d8dc1bac0215c5012f22b49afa1940186e080da6c8a2&scene＝27.

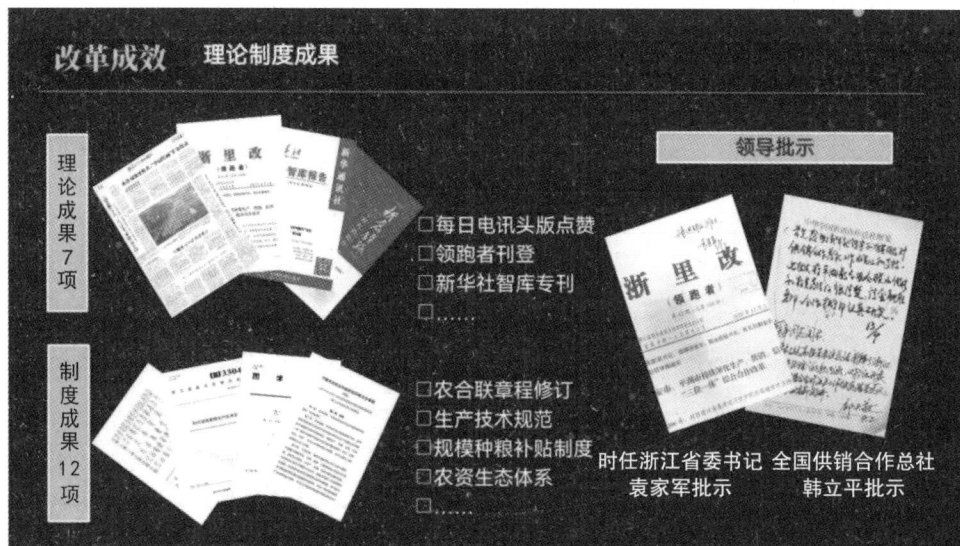

图 19 "浙农服"理论制度成果

广，目前全省已有 90 个市县共享应用、全国三个省市试点试用，已有 8.3 万个农业主体和服务主体注册使用。"浙农服"服务在率先应用地区带动了农业增效 10% 以上，其中稻米亩均节约成本 120 元，也贡献了 7 个组件、26 个算法模型。

二、数字化改革赋能未来社区 建设共同富裕最小单元

(一)背景

未来社区是 2019 年浙江在全国首创的重大民生工程，其核心是把握好作为共同富裕现代化的基本单元和人民美好生活的幸福家园两个重要属性。聚焦人本化、生态化、数字化三维价值，未来社区集成未来邻里、教育、健康等九大创新场景，旨在解决城市化进程中产生的一系列问题，以及在城市升级、需求升级以及技术升级趋势下，推动新的内需发掘，新的技术应用以及新的治理组织变革。在数字化改革不断深入的背景下，时任浙江省委书记袁家军提出，"要全省域推进城镇未来社区建设""深入实施未来社区

'三化九场景'推进行动""要以未来社区理念实施城市更新改造行动""打造绿色低碳智慧的'有机生命体'""宜居宜业宜游的'生活共同体'、共建共治共享的'社会综合体'"。①

(二)数字化改革赋能杭州未来社区实践

截至 2021 年底,杭州共有 33 个未来社区进入省级试点项目名单,其中整合提升类 16 个、全拆重建类 4 个、拆改结合类 4 个、规划新建类 1 个、全域类 1 个。杭州在数字化赋能未来社区的实践方面取得了一定的成绩,通过数字改革,构建面向现代化的数字化基层治理场景以全面提升治理效率,精准匹配社区居民需求以实现服务的迭代与升级,为未来社区的发展增添了强大动力。

第一,满足多元化需求,推动生活质量变革。杭州未来社区紧紧围绕人民群众高品质生活需求,坚持以人为本,通过以"城市大脑＋未来社区"为关键场景,不断推动人民生活质量提升和生活方式革新,加速建设共同富裕示范区的最小单元。多个社区开展广泛调查,紧紧围绕社区居民的高频次、多元化需求,充分考虑社区居民身边的关键小事,以此作为未来社区建设工作的重点,持续提升居民满意度。如:针对人口流动性较大的上保社区,打造物联网安防基础底座层,通过监控数据处理推送服务响应层,提供安全巡查、紧急帮扶等服务,满足社区居民的基本安全需求;为解决社区中重要的养老问题,上保社区立足数字资源共享,形成跨部门、跨层级、多维度养老大数据,形成"邻里＋养老"的多跨场景,并开发了"浙里长寿""邻里养"板块,社区内的老人可按需制订养老服务方案,还能享受定期上门的个性化服务;为解决传统停车难问题,东信社区上线"邻里停"应用,优先试点运行"错峰共享停车"模式,结合未来交通场景,切实精准匹配停车资源与需求,实现车位的共享和引流;为促进围绕青年创业者群体的互动需求,瓜山社区以组团

---

① 以浙江先行先试为全国实现共同富裕探路! 浙江省委这样部署. (2021-07-18)[2022-09-11]. https://zjnews. zjol. com. cn/gaoceng _ developments/yjj/zxbd/202107/t20210718 _ 22814469. shtml.

形式打造线上社群交流和线下诸如模拟面试、文创夜市等丰富多彩的活动与个性化的场景，推动了社会空间数字化；为满足居民日益增长的精神文化需求，良渚文化村社区构建了"全周期学习"的未来教育模式，线上一键概览教育机构信息、匹配和预约心仪的教育机构，促进了社区服务共享化；为解决日益凸显的老龄化问题，冠山社区建成了物业智能健康站和智能慢病一体化云诊室，提供数据监测、双向转诊和远程诊疗等服务，积极推进居家养老服务的建设，形成动态、有序、循环的老年医养护生态圈。以上案例说明，杭州正在加速通过数字赋能，落地社会事业12个"有"多跨场景，打造更公平、更安全、更和谐、更有温度的美好社区。

第二，技术赋能和制度赋能双驱动，推动治理效率变革。杭州未来社区以技术为支撑、以制度为载体，用数字化手段重塑社区治理制度，加快要素集聚和实时交互，推动基层事务高效协同和流程再造。如：葛巷社区借助大数据、智能安防等现代科技手段，打造居民用户端、物业管家端和社区管理端的集成平台，实现各类服务数据库的互联互通，推动实现社区全生命周期可视化管理；杨柳郡社区通过门禁系统自动验证健康码的实现，减少人工验码时的反复接触，不仅为社工减负增效，也让防疫效能登上了新台阶；冠山社区联通智慧服务平台开发的"冠山邻聚里"APP，覆盖了社区政务服务等内容，基于"最多跑一次"改革，融合各部门业务数据，实现"一窗全科受理"模式，APP内"直通码"集民意直达、处理进度可视化和评价考核于一体，促进社区联结居民，实现"互动式治理"；良渚文化村社区充分结合线下阳光议事厅，打造居民和社区平等对话的线上平台，通过"线上议，线下决"的形式，实现居民一键上报和物业、社区处置流程透明化，不断找准技术创新与制度创新的契合点，理顺社区与各部门业务流程和反馈机制；瓜沥七彩社区通过打造数字孪生未来社区运维平台，实现社区的"共管"和"共营"，助力未来社区治理的业务协调。以上案例说明，杭州通过技术和制度的融合，推动社会政策精准化，社区管理精细化，在提高未来社区治理现代化方面有所创新与突破。

第三，多主体协同参与共建，推动迭代动力变革。杭州未来社区发挥居民、企业和社会组织等多主体协同联动作用，强化社区共同体角色，促进共建共治共享,为社区不断迭代更新提供动力源泉。如:杨柳郡社区将社区服务小程序与物业 APP 合二为一,精准识别居民需求,上线各种高频服务功能,创新社区物业服务机制和运营模式,也增强了居民黏性,社区建立了"共享客厅"和 WE 志愿小站,促使社区内 70 多家商铺和 12 个居民共享空间成为志愿服务阵地,由居民主导、企业与社会组织共建共享,营造了多方主体共同参与建设的和谐氛围;府苑社区推出"时间银行"、瓜沥七彩社区通过"服务换积分,积分换服务"的机制,充分调动了居民参与公益事业、志愿服务、文明行动的积极性,也将共同富裕变成了一种可感知、可参与、可贡献的现实体验。以数字服务为基础,七彩社区有机贯通了城市"大脑"和社区"中脑",实现各级政府与企业法人、社会组织和自然人等主体在社区层面以场景为纽带的无缝连接,营造了"交往交融交心"的良好氛围。杭州市正在努力打造"邻系列"服务品牌,如:江滨社区制订了"邻里公约";冠山社区推出"邻聚里"品牌形象,营造出特色邻里文化,以打造邻里互助生活共同体为核心,构建出一个"远亲不如近邻"的未来美好生活蓝图。头部企业也与社区积极合作,共同助力美好生活。如:绿城商业紧抓未来社区的人本化、生态化、数字化价值,在杨柳郡社区的"杨柳郡园·好街"小区内植入绿城智慧社区理念,利用科技智能连接人与建筑,让更多的智慧元素广泛应用于未来社区建设,以新技术、新业态、新模式为人们提供更加精细的生活服务。以上案例说明,杭州市把提供公共服务的可持续性作为主攻方向,加速政府、居民、社会等多方主体的协同参与,为推动数字社会发展提供了有益经验。

(三)关于提升数字化改革在未来社区中的效能的建议

虽然数字化改革赋能未来社区建设已初步取得阶段性成效,但是当前的未来社区建设仍然存在诸多难点,主要体现为:一是市场活力有待激活。在未来社区的建设中,市场的供给力量相对薄弱,政府、企业和居民等多元主体尚未达到平衡,多元主体之间的连接有待提升。二是数据质量有待提高。各类数据的渗透性、汇聚性和联动性受到制约,导致了基层部门之间的数据壁垒和沟通障碍,形成"信息孤岛",也增加了基层负担。三是服务均等化矛盾有待解决。杭州部分老旧小区配套公共设施服务长期欠账,数字化基础设施服务水平相对滞后,非试点与试点社区之间的服务差距较大。

基于目前数字化改革赋能未来社区建设的现状与问题,提出以下建议。

第一,加强市场主体参与,深化流程再造,实现体制贯通。发挥政府和市场"两只手"合力,坚持市场化运作,深化、完善、推广未来社区产业联盟,面向央企、国企、民资、外资等多种资本开放,积极引导市场力量参与未来社区建设,充分调动社会主体的积极性。大力发展社区数字化的运营企业,积极引入数字化产业的优势项目,重点打造"社区专班＋多物业＋多社会组织＋数智联盟"的联合创新运营模式,推进数字化平台迭代升级;进一步完善未来社区建设内外联动机制,进行 EPC＋O(一体化实施)、"物业＋未来社区场景"等整体运营模式的探索。建议借助数字化的强大动力重塑基层公共服务流程,形成"横向到边、纵向到底"的服务格局,进一步深化社区业务流程再造。全面打造连通街道、社区居委会、社区内社会组织和居民个体的数字化精益沟通平台和精益服务平台,推进数字化治理服务系统功能创新集成,明确街道、居委会、物业公司等居民自治组织和商业组织等相关部门在社区治理中承担的责任,建立明确的电子权责清单、事务清单,尤其是解决社区部门间职能交叉和社区部门与社会组织职能交叉的问题,以畅通社区流程,实现社区智治。

第二,紧密连接"家庭小脑",打破数据壁垒,穿透神经末梢。建议将"城市大脑""社区中脑""家庭小脑"三级平台高度贯通,完善社区"家庭画像",建立"家庭日志"。在确保安全的情况下,通过物业、商业、社交平台等渠道,加速居民消费习惯、兴趣爱好、工作节奏、社交群体等有深度且有价值的数据的采集。可对物业、社区商业、社交媒体平台上沉淀的居民行为数据进行深度挖掘,制定与政府数据互通的有效留存机制,如开发基于社区服务的电子业主卡,深入了解居民需求。通过推进各层级、各部门信息系统和数据平台的构建,将社区安全监控、公共卫生事件预警、社会服务查询、政府信息公示、居民信息统计等与市政、城管、环保、住建等各个社会管理相关部门的数据平台的接口进行匹配,真正实现数据实时共享,全面支撑社区复杂的管理服务工作,提升社区治理信息化水平,提升群众的"数字满意度"。同时,要促进跨层级、跨系统、跨部门、跨业务的协同管理和服务,切实打破部门之间的"数据藩篱",实现系统互通。将过去各自为政、各行其是的"稳态"信息系统,打造成全程全时、全模式全响应、"牵一发而动全身"的"敏态"智慧系统。

第三,聚焦公益共享兼容,释放民生暖意,助力社区营造。建议以数字技术助力社区公共文化空间营造,一方面通过为居民提供建言献策的线上渠道,提升居民的参与感和归属感,另一方面利用新技术,提高空间规划决策的科学性,保证公共空间建设方向和运营效果。借鉴新加坡"邻里中心"管理经验,倡导空间资源的高效、集约、弹性利用,积极引导社区生活圈各类设施共享使用,打造兼容性设施模块,促进未来社区的共享经济及互助共享事业的蓬勃发展。形成如"人才公寓＋共享办公＋创业服务"等的"场景混合体",并积极探索如养老与幼儿教育机构联办等功能"跨界融合"新形式,提升设施混合利用效能;强化公益性设施与相关商业化活动空间相融,引发相互间的"触媒"效应,如采用"网上预约、错时使用"的方式,开辟"多时段"共享活动空间,提升设施弹性利用水平;定期打造社区公共文化周活动,通过线上引流至线下,让社区居民和非社区居民可以更好地交流、学习社区的人文特色,满足居民的文化诉求。此外,还要注重老人、小孩的社区嵌入性和柔性服务需求,开发多端应用,探索授权代理、亲友代办等服务,不断缩小数字鸿沟。

三、县域医共体联动智慧医疗　推动医疗服务共享与普惠

(一)背景

安吉县位于长三角腹地,是"绿水青山就是金山银山"理念的发源地。2005 年,时任浙江省委书记习近平同志在安吉考察时首次提出了"绿水青山就是金山银山"的科学论断。① "十三五"期末,安吉县生产总值达 487.1亿元,年均增长 7.9％,人均地区生产总值达到高收入经济体水平,进出口总额达 340 亿元,连续 12 年保持湖州市第一。安吉县成功入选县域经济综合竞争力、绿色发展、投资潜力、营商环境、创新、县域旅游竞争力、旅游综合

---

①　徐震."绿水青山就是金山银山"的浙江探索.光明日报,2015-06-19(11).

实力七个类别的全国百强县。

虽然坐拥生态优势,但长期以来,医疗、养老等基本公共服务资源相对短缺与薄弱。理念是发展的先导,在"绿水青山就是金山银山"理念的指引下,安吉县以数字化改革推进县域卫生健康事业整体智治,不断提升公共服务效能和拓展智慧医疗服务应用,从供给侧促进政府公共服务保障体系的"共享",在医疗公共服务资源均衡化与基层医疗服务普惠化方面做出了一定的探索并取得了一定的成绩,让人民群众享受高质量发展的成果(见图20)。

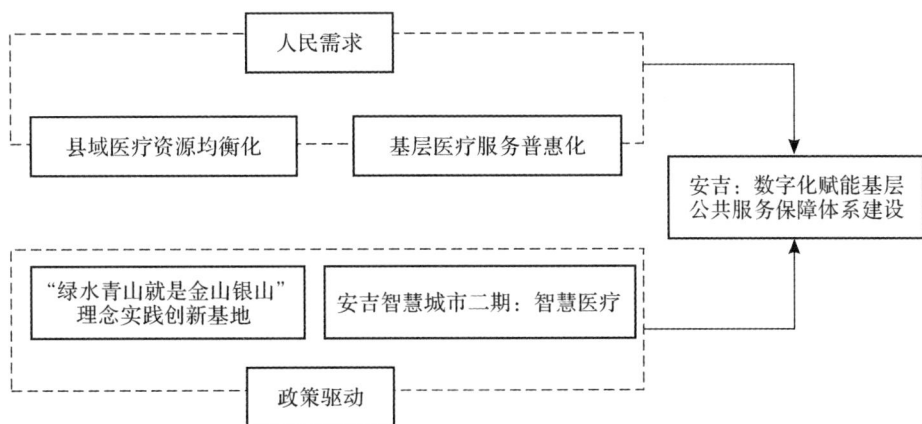

图 20　安吉智慧医疗建设背景

(二)"智慧医疗项目"实践

近年来,国家大力推动基本公共服务均等化和普惠化。但是在医疗资源和服务领域,不均衡的问题仍然较为突出,尤其是作为面向服务人口最多的县域和城市的区县级及以下的公立医疗卫生机构,例如县级医院、社区卫生服务中心和服务站、乡镇卫生院和村卫生室等,其服务能力亟待提升。

安吉县在前期开展了一批医疗服务数字化建设。早在 2013 年到 2017年间,安吉县就通过数字化的手段组建了县域卫生专网,建设居民电子健康档案,建立区域影像、检验、心电三大共享中心、分级诊疗和双向转诊系统。2018 年底,安吉全县上线影像云系统,告别传统塑料胶片,三年来节约塑料胶片约 120 万张,费用约 2700 万元。此后,建立全县统一综合便民服务平台——浙里办"健康安吉"应用,实现挂号、缴费、医保线上报销,上线互联网医院应用、"出生一件事"五证联办平台、健康教育云平台等多项惠民便民数字化服务。

2020 年 6 月,安吉县正式启动县域智慧医疗项目建设。该项目以县域医共体数字化改革为抓手,县乡、农村医疗卫生资源为突破口,构建"一线直通、覆盖全域、服务连续"的整合型医疗卫生服务体系。其实践内容主要包括数字赋能县域医共体服务共享化和智慧医疗推动基层医疗普惠化(见图 21)。

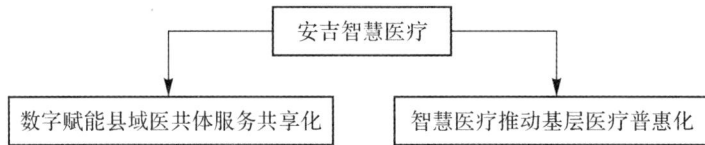

```
                    ┌─────────────┐
                    │ 安吉智慧医疗 │
                    └─────────────┘
          ┌───────────────┴───────────────┐
          ▼                               ▼
┌───────────────────────┐     ┌───────────────────────┐
│ 数字赋能县域医共体服务共享化 │     │ 智慧医疗推动基层医疗普惠化 │
└───────────────────────┘     └───────────────────────┘
```

图 21　安吉智慧医疗建设重点

(三)数字赋能县域医共体服务共享化

基层医疗是分级诊疗中的一环,是医疗卫生体系的根基,而医共体就是扣紧县域内每一环的抓手。所谓医共体,就是医疗服务共同体,是医联体的四种组织模式之一,是根据国务院《关于推进医疗联合体建设和发展的指导意见》(国办发〔2017〕32 号)等文件组建的医疗合作组织。国家"十四五"规划纲要明确提出,要加快建设分级诊疗体系,积极发展医疗联合体。从县医院到社区卫生服务中心、乡镇卫生院到村卫生室,环环相扣,统一管理,只有提升基层医疗卫生服务能力和水平,才能让患者下得来,基层接得住。

医共体建设作为推进"双下沉、两提升"工作常态化、长效化的有效手段,以及深化医药卫生体制改革新的突破口,对于整体提高县域医疗资源配置和使用效率、加快提升基层医疗卫生服务能力、推动分级诊疗制度建设、缓解"看病难、看病贵"问题、更好地满足百姓的健康需求有着非常突出的意义。

基层云 HIS(基层医疗信息系统)作为县域不同层级医疗机构间的数据互联互通底座,数字化赋能县域医共体服务,其特点可以概括为三个方面。一是统一云端部署。统一云端运维,支持快速部署、减少硬件维护成本,实现医共体内信息化统一标准,包括药品目录、诊疗目录、诊断目录等。二是实现诊间结算和诊间会诊。诊间医生可以挂号和收费结算,让病人更便捷地完成就医,免去多余的重复排队;诊间远程视频会诊,加强医共体间医疗协同,提升基层诊疗水平。三是支持电子病历。改变医生手写纸质病历,转为结构化电子病历,提高工作效率;促进病历的规范化管理,提升医疗服务质量;电子病历归集到病人健康档案,有利于以后医疗数据的共享调阅。

"互联网＋"医疗服务帮助医患达到智慧互联。截至 2021 年 3 月,安吉县五家县级医院已开通互联网医院,16 家卫生院开展互联网诊疗服务,实现线上服务达 2 万多次。老百姓在家门口就可以享受及时、准确的诊断和治疗,真正实现了"大病不出县,小病不出乡"的分级诊疗模式,有效缓解了"看病难"的问题。

同时,县域医共体检查服务平台帮助基层院区的医生在发现疑难病例时,可向上级医院预约专家远程门诊,专家既可以在云平台上查看患者的电子病历、健康档案等,也可以通过视频连线等方式,进行面对面沟通、问诊,从而拿出科学的诊疗方案。

搭建县域老年人"两慢病"数字健康服务项目应用。以老年高血压、糖尿病患者的全周期健康管理为切入口,通过对医疗、体检、公共卫生等健康数据的分析,建立"两慢病"筛查、评估、管理和数据联通、医患互动的医防融合数字化健康服务新模式,实现慢病"一网通办、闭环管理"。① 建立"红、橙、黄、蓝、绿"五色分级管理模式,为居民提供个性化服务,针对重点人群进行早期干预和精准指导,有效改进服务流程、提高服务效率、方便医务人员和患者、提升县域慢性病精细化管理水平,使老年人获得"知健康、享健康、保健康"的健康保障。截至 2021 年底,县域健康管理总人数 45.24 万人,其中高血压 6 万人、糖尿病 2.4 万人。

安吉通过建设数字医共体项目,运用数字化技术、数字化思维、数字化认

---

① 杭州市卫生健康委员会等五部门关于印发《关于深入推进医疗健康与养老服务相结合的实施意见》的通知.(2021-06-03)[2022-09-11]. http://www.hangzhou.gov.cn/art/2021/6/3/art_1229063383_1724081.html.

知实现"让患者就医更便捷、医生看病更智能、区域管理更高效"(见图22)。

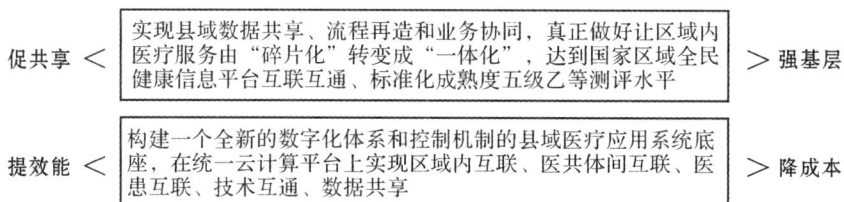

促共享	实现县域数据共享、流程再造和业务协同，真正做好让区域内医疗服务由"碎片化"转变成"一体化"，达到国家区域全民健康信息平台互联互通、标准化成熟度五级乙等测评水平		强基层
提效能	构建一个全新的数字化体系和控制机制的县域医疗应用系统底座，在统一云计算平台上实现区域内互联、医共体间互联、医患互联、技术互通、数据共享		降成本

图 22　安吉智慧医疗建设成效

(四)智慧医疗推动基层医疗普惠化

2021年以来,安吉县卫健局不断开拓创新,持续扩大数字化改革成效,让医疗实现了"1＋N"多种可能,让信息多跑路,让群众少跑路,患者看病就医方便快捷,基层医疗资源也更平均普惠。

安吉县的"暖心热线"智能语音外呼应用依托人工智能算法,在儿保体检、妇保产检、0～3岁科学育儿、老年人体检催检、一类苗催种管理、新冠疫苗催种六大语音外呼场景进行试点。此应用具备三大优势:一是外呼全程医护人员不用参与,二是首次未接通有自动重拨机制,三是数据信息自动记录、实时更新。它可以完成人工4～5倍的工作量,有效缓解了医护人员日常拨打电话的压力,使医护人员可以将更多时间、精力投入服务患者中。同时,提高了信息采集效率和大数据分析能力,助力安吉"互联网＋医疗健康"建设。该应用成功入选首批浙江省卫生健康数字化改革基层创新项目储备库的"黑科技",并获得2021年基层创新实践及优秀案例,也是浙江省首个妇幼健康服务智能外呼系统。未来,该系统还将继续扩大系统功能、深化场景应用,例如老年人慢性病提醒等,让群众能够享受更高品质、更加便捷的优质医疗服务。

安吉县120智慧院前急救指挥系统于2021年4月全面上线。该系统主要构建了急救指挥中心、急救质控管理、院前院内一体化三个主要业务场景。具有智能急救指挥调度、急救电子病历、数据统计分析、满意度调查、呼救者互助云平台、急救分站联网显示、院前院内一体化、生命体征监测传输等功能,让院前急救指挥更快速、更精准、更智能。截至 2021 年 5 月,该系统已在安吉县八个急救分站投入使用,21 辆救护车也全部完成改造升级,通过呼叫者手机信息定位功能,减少搜寻时间,提高急救服务效率;通过生命体征数据传输、救护车内视频监控,实现 120 急救指挥中心、救护车与医疗机构数据共享及业务联动协同,实现患者院前院内信息实时共享,快速建立抢救绿色通道。与 2021 年 4—5 月相比,急救平均受理调度用时下降 32%,急救平均出车用时缩短 15%,急救平均反应时间缩短 16%。未来,该系统还可以进一步与医院 HIS 系统等平台对接,让患者在救护车上即可实现门诊挂号,开通绿色通道,实现"上车即入院";同时,开展探索志愿者急救服务、自动体外除颤器(AED)导航与院前医疗急救调度系统的智能交互等新功能。

(五)"智慧医疗项目"案例经验

安吉县数字化赋能基层公共服务保障体系建设,成为浙江省的县域医共体和基层智慧医疗的先行者,在探索共同富裕的道路上积累了以下经验。

第一,政策保障与数字基础双轮驱动,有效构建医疗公共服务创新能力。安吉县在《关于制定安吉县国民经济和社会发展第十四个五年规划和二〇三五年远景目标的建议》中明确提出,要"重点推进智慧社区、智慧教育、智慧医疗、智慧养老、智慧交通、智慧旅游等场景应用,构建安吉数字未来生活圈。"将智慧医疗建设作为智慧城市建设的有机组成和重要场景予以整体规划布局推进,体现了安吉县对数字化改革的高度重视。安吉县在前期医疗数字化的基础上全面推进"健康安吉"建设,深化医共体建设,全面增强基层医疗卫生机构服务能力,成为一个生长在绿色智慧城市上的县域医共体和基层智慧医疗的先行者。

第二,数字化创新应用助力基层医疗普惠化,推进医疗基本公共服务均等、可及。安吉县智慧医疗项目的实施依托人工智能、云技术、区块链等新一代数字化技术,初步实现了县域数据共享、流程再造和业务协同,让区域内医疗服务由"碎片化"转变成"一体化"。打通县域各层级医疗机构的壁垒,使不同地区的患者平等地享受优质医疗公共服务。

第三，数字技术、数字思维、数字认知协同建设县域医共体，强力推动优质医疗资源均衡布局。智慧院前急救指挥系统、"暖心热线"智能语音外呼等应用的成效不仅考验数字技术的开发、应用能力，也对相关政府部门的数字思维与数字认知提出了更高的要求。医疗服务流程及相关人员需要根据数字化思维进行持续迭代与优化，形成正向反馈循环促进的闭环机制。

四、构建家政服务业数字治理生态　促进供需双方共同富裕

临海市在省商务厅的指导和支持下，从解决家政服务的高频需求入手，面向消费者、家政服务从业者、家政机构和各级政府，以数字化手段构建"GBC"多元协同共治新模式，综合集成"当家政、聘家政、找家政、评家政、知家政、政策服务、驾驶舱"七个子场景，建立起家政服务业全链条、立体化、互动式服务治理生态，提供供需信息三方交互、家政人才培育供给、市场主体资信管理、家政行业智慧治理等全周期闭环的公共服务，切实解决家政服务业发展不规范、政府治理不精准、群众满意度不高等问题，形成政府有为、市场有效、群众有感的实践成果，推动家政服务业的高质量发展、政府的高效率治理，满足人民群众的高品质生活需求。

(一)背景

2015 年至 2020 年间中国家政服务市场规模逐年稳步增长，2020 年达到 8782 亿元，同比增长约 26.0%。2021 年上半年，家政服务机构数量突破 100 万家，市场规模突破 3000 亿。行业进入淘汰赛阶段，竞争加速品牌化，服务小平台生存压力加大。主要家政细分领域正在诞生拥有明显竞争优势的专业化家政公司。无论在需求、人才还是企业运营方面，数字化运营能力对于家政机构而言越来越重要，数字化转型也成为企业核心的竞争力之一。截至 2021 年 6 月，全国互联网家政平台月活跃用户规模达 2919 万人。在用户市场，家政消费预定线上化持续增强，2020 年用户线上渗透率由 2018 年的 47.8% 上升至 71.4%，短短三年间上涨 23.6 个百分点。数字化正在重新定义家政行业竞争要素。2021 年 6 月，家政从业人员数量已达 3275

万人,但家政平台劳动者月活跃量最高仅有 29.4 万人,线上化率不到 1%,数据表明劳动者线上化程度大大低于用户线上化程度。其原因主要在于当前我国家政从业人员一般年龄相对较大且受教育程度偏低,接受互联网信息渠道相对不足,而用户群体多为受教育程度较高、习惯了线上生活方式的年轻人群。两者的信息不对称造成了需求与服务不对等的窘境。(参阅前瞻产业研究院《中国家政服务行业市场研究与投资预测分析报告》)

(二)我国家政服务业发展目前普遍面临的三个难题

一是行业有效供给不足。全行业数据显示,近年来,市场规模近万亿级的家政服务行业用工缺口达 50% 以上。临海市家政服务社会用工需求规模 3 万人,且长期缺口约 1 万人。尽管社会上有大量潜在劳动力,特别是农村留守妇女、城镇失业人员、灵活就业人员,能够也愿意从事家政服务行业,但由于获取需求信息渠道少、提升职业技能难度高、产业扶持政策不到位,导致不能转化为家政服务市场的有效供给。

二是供需错位、匹配失衡。家政服务从业人员普遍年龄偏高、学历和专业水平偏低,与消费家庭对于家政服务人员较年轻、有较高学历和较强专业技能的期望存在较大差距。临海市对 500 余名家政服务从业人员的调查结果显示:41～50 岁的占 54%,50 岁以上的占 27%;初中及以下学历的占 86%;有 35% 的人从未参加过培训,43% 的人只接受过一次培训,缺乏缩小差距的有效渠道。加上家政机构、中介或从业者主要通过顾客介绍或各类广告接单拓客,缺乏双向选择、就近就便机制,导致匹配效率低、服务成本高、消费者满意度低。

三是行业发展规范滞后。家政服务业专业化、规范化、标准化水平不高,服务项目普遍缺乏详细的操作规范,家政市场信用体系不完善,行业协会自治能力弱,乱象频发。临海市仅有三家正规登记注册的家政机构,其他大部分都是门店式的个体中介,规模小、实力弱、技能水平不一、经营模式单一,员工与机构之间的联系松散、脆弱,机构投入较少,难以形成核心竞争力,也难以建立服务品牌。家政服务人员的身份信息、健康信息、技能信息不全,甚至失真这一现状不仅让消费者不放心,也让政府难以实现有效监管。70％的从业人员未进入政府管理视野,政策兑现度不到 30％。

(三)主要做法

临海把满足人民群众对美好生活的普遍而迫切的需求作为工作的出发点和落脚点,紧紧抓住数字化改革这个抓手和杠杆,整合家政服务领域各方数据,开发包含适业群体识别体系、就业引导体系、供需对接体系、资信管理体系、数据分析体系的统一平台,以数字化引领、撬动、赋能家政行业现代化,实现家政适业群体的自动识别、供需资源的高效匹配、政策引导的精准帮扶、资信评价的权威管理和权益保障的智慧治理。

第一,自动识别,汇聚家政人力资源。一是搭建 AIDC 模型。归集分析户籍、健康、社保、犯罪等数据,自动识别符合条件的低收入、失业等人员。二是精准排摸,掌握意愿。以镇街为单元,以片区网格员为联络人,发动退休党员、退伍军人、志愿者等,走访初步入围人员,核对信息,调查意愿,摸清有家政服务从业意愿的对象,引导其在平台注册。三是通过扩大宣传吸引其他灵活就业人群注册。形成家政服务员挖掘、储备、适配的就业链条,构建家政服务人力资源库,提供更加充裕和多样化的家政服务有效供给,增加需求方的选择余地。

第二,政策集成,强化政府公共服务。一是提供政策推送服务。通过线上平台梳理公布并实时更新涉及家政服务业的政策,智能推送和提供培训报名、体检预约、申领补贴、申请保障性住房、调解纠纷等线上服务。二是提供技能培训服务。开展家政服务综合性技能培训,提供线上培训补贴,建立培训档案,构建培训结果回流平台,确保培训信息可查询、过程有管理、质量可追溯;对“数字困难群体”由社区居委会(村委会)组织智能手机“扫盲”培训,帮助他们掌握下载 APP 和通过平台找单、接单、交易等技能。三是提供政府购买服务。梳理现有政府购买的家政服务项目,公开服务标准、服务内容、预算安排、绩效评价标准和购买服务结果等信息,引导员工制本土家政机构发挥自身优势,承接政府购买服务项目。通过培训、体检、社保、税费、金融、保险、荣誉、维权等全方位的服务政策的牵引,实现联办、速办、智办、无感办,把找到的适业人群转化为家政从业人群,培育家政服务主体。

第三,信息公开,交互匹配供需资源。政府负责基础数据的采集、分析和监测,第三方机构负责平台的运营,分别向相关对象公开从业人员的求职需求、家政企业的招聘需求、家庭的服务需求,为家政市场提供公平、公开、免费的公共交易平台。平台根据需求信息自动分析,按照就便就近原则匹配推送,为三方主体提供自主选择。推行家政安心码,跨部门集成家政服务员身份、健康防疫、信用等信息,相应生成红、黄、绿三色码,家政服务员亮码服务,消费者扫码查验,信用异动情况实时预警,破解信任关系不强问题。相关部门对各个运营环节严格监管,确保平台运行公开透明,发布信息真实有效,既能提高消费家庭的满意度,又能提高从业人员对家政服务业的归属感,还能提高资源的使用效益。

第四,资信为本,建立权威评价体系。一是全面纳入三方资信。建立覆盖从业者、家政机构、消费家庭的信用体系,纳入违法犯罪、健康防疫、从业资历、服务评价和个人信用等三方关注内容。二是分类采集资信信息。平台要对家政服务三方的基本信息、资质信息、评价信息、信用信息进行收集、记录、分类、储存、加工和必要的脱敏处理。基本信息、信用信息和评价信息通过数据对接自动获取,作为等级评定量化的依据。资质信息由三方自行申报并对其真实性负责。三是平台建立科学的资信评分标准体系,跨部门集成家政服务员与家政机构的基础信息、荣誉信息、违法和不良信息、评价信息等,基于权重分配算法自动赋分评定等级,每日更新并公示,评定结果与经济待遇、社会礼遇挂钩,倒逼家政服务员和家政机构提高服务质量水平。四是进行资信风险评估预警。家政服务业主管部门依据资信分实行守信激励、失信惩戒,对于评分下降趋势明显的企业或个人,平台自动向主管部门和消费者发送提示,及时预警资信风险,确保风险可控,保障家政服务三方的合法权益。

第五,智慧监管,数据集成优化治理。通过运行数据回流,实现家政服务行业的精准监测、分析、提示、预判、预警,为提高治理服务能力提供科学的决策参考。一是引导家政机构适应市场。智能分析重点区域市场需求,如消费家庭数量、服务项目类别、服务频次等,形成家政服务需求热图,用算法预测一定时期内区域市场需求规模、需求特征的变化趋势,提升行业内生动力,根据家政机构的业务范围和服务半径,引导其流动、转型。二是助力行业政策研究。归集消费家庭评价结果,抓取涉及服务的价格、态度、质量等的评价内容,智能生成服务评价关键词云图,清晰掌握家政服务存在的热点问题,有针对性地研究和完善家政服务业相关政策,规范家政服务,保障各方利益。三是助力决策落地。聚焦"一老一小一残"等重点人群,监测"数量占比、服务时长、投诉纠纷率"等重点指标,为改善民生福祉的决策落地提供数据支撑。

(四)成效

临海市的家政服务业数字化改革,一是建立了覆盖家政服务三方主体的数字标准。面向家政机构、家政服务人员和消费家庭,建立基本信息、资质信息、信用信息、评价信息四大类 38 小类数字标准。二是建立了全周期闭环流程。建立了"我要当家政""我要聘家政""我要找家政""我要知家政""我要评家政""我要政策服务""家政驾驶舱"七个子场景,商务、卫健、人社等 21 个部门提供线上政策服务,实现家政人才培育供给、市场主体资信管理、供需信息三方交互、家政行业智慧治理等 18 个环节全周期闭环的高品质服务供给。三是建立了一体化应用工具。基于全省一体化、智能化公共平台,构建数据统一共享的网关,有效对接省救助信息系统、省公共数据工作平台、省公共信用信息平台等 19 个数源系统,高效归集安心码信息、家政服务人员信息、家政机构信息、政策服务信息、评价分析信息五类数据资源,实现服务端、治理端双轮数据驱动。已识别适业群体近 10 万人,帮扶低收入、无就业群体近 2000 人,促进人均年增收约 5 万元。

(五)"浙里好家政"服务端界面五大场景

"我要找家政"面向消费者,提供家政服务、家政服务员、家政机构、个性化需求发布四个功能。消费者可以查看家政机构发布的服务列表,根据需要的工种进行挑选,平台支持按距离、销量、价格进行排序。选择服务项目后,详细浏览服务内容并预约。家政服务员列表中集成显示姓名、年龄、籍贯、学历、从业年数、挂靠公司等客观真实信息,支持按距离、评价、经验进行排序。家政机构列表中集成显示本区域已入驻平台的机构门店。此外,也可以自定义方式选择家政工种,提出性别、年龄、从业年数等要求,平台根据需求信息自动匹配、推送家政服务人员,并提供参考价格。通过家政服务主体的信息公开,从四个维度赋能家政服务数字化,实现了消费者就近就便、自主多元找家政。

"我要当家政"面向家政适业人群,提供发布简历、企业招聘、报名培训、预约体检四个功能。有从业意愿者登录界面后,潜在对象会自动跳出提示框,平台自动引导其完善简历信息,匹配招聘相应工种的家政机构,并推出多工种技能培训报名,满足不同从业需要。根据一般家政、居家家政、母婴照护、养老四类服务直接推送体检套餐。通过提供全周期闭环的就业服务,引导家政服务员规范化发展,让家政服务员从业更专业、就业有保障。

"我要知家政"面向家政服务员和消费者,提供安心码和扫码两个功能。家政服务员进入安心码模块后,平台自动识别持码状态并提示无码人员申领,授权进行身份信息、健康证、健康码等安全信息核验,生成显示红、黄、绿三码。在家政服务员上门后,消费者可以扫码查看家政服务员健康状况、信誉、技能及保险等信息,决定是否接受。双方确认无误后家政服务员正式开始工作。通过安心码规范家政服务业秩序,构建起双方的权益保障与信任机制,解决家政服务员和消费者信息不对称、容易引起误解和纠纷等问题,让家政服务更安心。

"我要评家政"面向消费者和家政服务员,提供评价和评价记录两个功能。在服务结束后,消费者点击服务订单,以评分、评语的形式在线评价家政服务员和家政机构的服务质量,评价结果将计入综合评分并生成服务星级,作为平台推荐的重要指标之一。产生的纠纷由家政机构解决。评价记录在平台全留痕、可追溯。这个评价是双向的,家政服务员同时也可以评价消费者,评价结果将计入消费者资信信息。通过建立服务评价管理制度,倒逼家政服务员和家政机构提升服务质量,约束消费者不良行为,实现良性循环。

"我要政策服务"面向家政服务员,提供政策解读、社保办理、公租房申请、职业技能培训、体检预约五个功能。公布涉及家政服务业的国家、省、市、县相关政策,实现看政策"一目了然"、查政策"一览无余"。贯通人社、政务服务网,实现社保办理、公租房申请等服务的线上直达兑现。多维度全方位提供职业技能培训,满足家政服务员提升技能素质的需要。自主选择日期、时段、医院进行体检预约,实现自我健康管理。平台还将迭代升级,逐步完善参加商业保险、新居民子女积分入学等功能。通过集成家政服务业政策,提供全生命周期政策服务的速办、智办、无感办,让家政服务员尽享政策红利。

(六)经验启示

家政服务业数字化改革的临海实践,是数字化改革推动传统服务业发展、改革、智治的成功范例。它从广大人民群众强烈而迫切的日常生活刚需出发,从家政这个民生关键小事切入,通过线上线下紧密结合的场景建设,规范家政服务标准和业务流程,完善行业管理体系,建立促进家政服务业高质量发展的制度体系,增加有效供给,提高从业人员素质,改善从业环境,健全信用体系,维护相关方的合法权益,促进了家政服务业的转型升级,有助于实现供需双方共同富裕,推动了行业治理变革。其经验对传统生活服务业具有普适性。

一是促进传统生活服务业转型升级和高质量发展。家政服务是日常生活的刚需,是经济韧性和内需拉动的重要支撑。面对多样化、个性化的需求,可以断言它是不可能被技术进步和人工智能完全取代的,此外,还需要通过数字化改革来提升。随着生活质量的提高和家庭结构的变化,家务劳动更趋社会化,家政服务的需求在服务内容、服务对象以及服务层次和服务质量上会不断向纵深拓展。临海市通过制度化的线上线下服务平台,为从业人员寻找合适岗位、提高自身素质、适应市场变化提供了渠道和动力,也使更多具有专业特长的志愿者和灵活就业人员可以通过规范化的途径向社会提供高质量的家政服务,还可以给今后延迟退休的人员提供扬长避短的工作岗位。这种服务模式同样适用于其他传统服务业的转型升级。

二是有助于构建供需双方互利共享的共同富裕模式。在全面小康背景下,中高收入群体通过购买家政服务来提高生活品质,增加闲暇时间,丰富业余生活,家政从业人员通过提供服务获得更多的机会和更高的收入,并进入城镇生活。临海市在重点精准帮扶低收入者和失业者就业的同时,兼顾兼职者增加收入渠道和志愿者奉献爱心的需要。平台通过信息公开和数字化赋能,使服务供需双方都能获得更大的选择余地,促成更多相互满意的配对,通过技能培训提高服务质量,让新的需求通过平台发布吸引新的供给,让促消费和促增收成为同一个过程的两面,促进供需双方共同富裕。平台还主动向从业人员提供全方位的政策服务,让他们充分享受政策红利。同时,我们也期待把帮扶范围进一步扩大到全体常住人口。

三是推动传统生活服务业引入数字化、智能化治理。临海市系统构建家政服务业高质量发展的制度体系,规范供需双方的权利、义务,维护各方的合法权益,用数字化治理提高供需双方的透明度和匹配度,通过平台留痕、追溯为解决纠纷提供依据。建立覆盖从业者、服务机构、消费家庭的资信管理体系,提供客观、公正、权威的在线评价方法,设计算法自动赋分评级,主管部门依据资信分实行守信激励、失信惩戒,提高服务的供给水平和质量。通过对行业数据的归集、整合、分析和开放,更精准地定位服务需求,实现对行业的精准监测、分析、提示、预判、预警,为发现热点问题、完善行业政策、规范服务、平衡各方利益、提高治理和服务能力提供科学的决策参考。

总结与展望篇

近年来，浙江深入贯彻落实"数字浙江"决策部署，坚持以人民为中心的发展思想，聚焦群众急难愁盼问题，不断拉长、扩容人民美好生活和企业创新发展的"需求清单"，在一体推进全面深化改革、共同富裕示范区重大改革和数字化改革方面取得了治理增效、服务提质的良好成效。

2021年2月18日，省委召开全省数字化改革大会，全面部署浙江省数字化改革工作。浙江将深入学习贯彻习近平总书记关于全面深化改革，特别是数字化改革的重要论述精神，紧扣"打造数字变革高地"的战略目标，唯实唯先、整体提升数字化改革实战实效，奋力推动"两个先行"，以数字化改革推进经济社会深层次、系统性、制度性重塑，探索制胜未来的路径。

《国民经济和社会发展第十四个五年规划和2035年远景目标纲要》第五篇"加快数字化发展 建设数字中国"提出："迎接数字时代，激活数据要素潜能，推进网络强国建设，加快建设数字经济、数字社会、数字政府，以数字化转型整体驱动生产方式、生活方式和治理方式变革。"①数字化技术不仅给人类的生产、生活、思维方式带来了重大变革，也深刻影响着未来的发展。面对数字化时代全面发展的挑战，浙江省委、省政府围绕数字化改革作出了一系列重要的战略部署，进一步催化了各行各业的数字化进程，数字化变革势不可挡，倒逼体制机制的不断创新。数字化改革是具有划时代意义的系统性创新变革过程，数字化技术正在对社会生产生活形成全面深刻的重塑性影响，推动社会活动范式、组织架构、人的行为过程等发生全方位的改变，从而形成新的具有开放性、适应性、柔韧性、智慧性的社会运行生态。数字化改革是充分利用数字技术的优势，在社会生态系统中主动促进系统的结

---

① 中华人民共和国国民经济和社会发展第十四个五年规划和2035年远景目标纲要.(2021-03-13)[2022-04-13]. http://www.xinhuanet.com/politics/2021lh/2021-03/13/c_1127205564.htm.

构、功能、机制和活动模式发生新的有效突变的过程,使社会系统具有更强的运行活力与更高的治理水平。在数字化改革的大潮中,我们需要对数字化改革的核心要素和场景有准确的认识,并正确把握数字化改革的下一步工作重点和实践方向。

开发打造数字化实践新场景

　　基层治理、产业大脑、民呼我应、外卖在线，数字化改革给浙江省带来的巨大改变无不体现在一个个与我们工作、生活息息相关的具体场景中。数字化改革以各类社会场景为基本载体，针对社会活动中的痛点需求，运用数字化技术方法，对其进行场景化技术重构与制度重塑。通过构建与数字技术融合的场景化问题解决方案，打造开放、敏捷、个性化的数字化应用形态，随着云计算、人工智能、5G 和区块链等的联合应用越来越多，不同类别的数字化技术正在通过不同场景相互贯通。多跨场景的"数字融合"将社会系统的改变系统化地整合在了一起，推动各类资源要素快速流动、各类社会主体加速融合、畅通国内国际循环，重构组织模式，实现跨界发展。构建"物理空间—信息空间—数字空间—社会空间"无缝融合的数字化社会生态系统，通过开放性平台架构，支持系统功能智能、敏捷进化，通过数据赋能决策与人机协同，进行场景化技术重构与制度重塑，为社会需求侧提供全方位的适需服务，这也是未来数字化改革发展的重点。[①] 例如，根据用户特点提供相适应的智慧服务，满足个性化定制的需求，实现多场景融合的整体治理。广泛构建以人民为中心、以服务为中心、以用户为中心、以数据为中心的数字化社会应用场景，将单一场景演变成适用面广、用户体验好的多跨场景，实现机制体制的突破；老场景不断迭代焕发新生，新场景不断萌生发展成形；充分发挥数字化跨越时空、联结未来的功能，知行合一，在实践中探索、创造让人民群众满意的应用场景，是我们希望能够看到的一个重要改革方向。

---

　　① 祝智庭，胡姣.教育数字化转型的本质探析与研究展望.中国电化教育，2022(4)：1-8,25.

强化提升数字化思维新素养

　　随着数字化时代的来临，社会发展所需要的能力结构也在不断改变。数字化改革未来发展的最大问题也许就是如何从传统思维转向数字化思维这一瓶颈问题。为了满足数字化高速发展的需求，我们不仅需要以数字化思维为标志的数字化人才发挥领头作用，更需要培养不同工作岗位上的每一个普通人的数字化思维能力，使之具备以数字化思维为基础的认知逻辑和问题解决方式，能够使用数据来提出问题、分析问题和解决问题，在面对业务问题时，具备数据敏感度和数据方法运用经验，有科学的数据分析能力，能够建立严谨的数据链条，会制订数据指标。随着数字化改革不断向纵深推进，需要同步提升数字素养和重塑人的能力结构。数字化应用技能在今天已经成为必不可少的本领，要加快构建符合我国国情的数字素养教育框架，加强数字技能普及培训，提升全民数字技能，积极营造数字文化氛围。通过数字化思维训练、企业文化宣贯、数字化人才标准体系的建立，完成人才结构的转型。把数字化人才建设作为新基建的重要组成部分，加强数字化人才培养的顶层设计。通过全社会共同努力，提高全民数字素养和技能，夯实数字经济健康发展的社会基础，造就数以亿计的适应数字经济发展、具备数字化知识结构和数字化动手能力的人才。

总结凝练数字化应用新范式

数字化改革启动以来，"系统＋跑道""平台＋大脑""改革＋应用""理论＋制度"等方面集成突破，紧紧围绕社会需求、未来趋势、难点、痛点和民众心愿，破解了一批传统手段难以解决的普遍性难题。筛选、凝练和形成了一批具有普遍推广价值的实践成果，把数字化改革过程中探索形成的创新实践经验、改革举措和成功方法进一步定型固化，通过持续迭代转化，不断形成数字化发展与治理服务的新能力、新规范。充分掌握数字化改革过程中的共性问题，提炼数字化改革的关键节点和发展路径，完善数字化改革评价体系，引领和推动各地各部门数字化改革。通过扎根理论方法，归纳分析典型改革案例，构建浙江数字化改革的模范标杆。加快推动数字化改革实践成果转化为具有指导意义的经典范式，为数字化改革不断深化提供具有普适性的解决方案和理论指南，聚焦重大需求、推进重大变革、打造重大应用，引领与撬动多跨场景中的流程再造、制度重塑、组织变革、系统重构，打造具有浙江辨识度的全面深化改革特色标杆。用浙江实践为未来数字化中国探索提供更多的成功经验，这是我们对数字化改革未来发展的应有期待。

参 考 文 献

Cui T，Tong Y，Teo H H，et al. Managing Knowledge Distance：IT-Enabled Inter-Firm Knowledge Capabilities in Collaborative Innovation. Journal of Management Information Systems，2020(1)：217－250.

车俊：全面提升建设实效 更好服务企业产业. (2019-04-29)[2022-08-11]. https://zjnews. zjol. com. cn/gaoceng _ developments/cj/newest/201904/ t20190429_10021444. shtml.

陈畴镛. 数字化改革的时代价值与推进机理. 治理研究，2022(4)： 18-26.

陈国青，吴刚，顾远东，等. 管理决策情境下大数据驱动的研究和应用挑战. 管理科学学报，2018(7)：1-10.

陈浩洋，胡睿哲，刘小刚. 共同富裕的金华探索. 金华日报，2022-02-19(1).

陈杨名，周伟国，陈玉杰. 让宅改活起来. 农村经营管理，2021(9)： 28-29.

大数据战略重点实验室. 大数据蓝皮书：中国大数据发展报告 No. 2. 北京：社会科学文献出版社，2018.

国家互联网信息办公室发布《数字中国发展报告(2021 年)》. (2022-08-02)[2022-09-10]. http://www. cac. gov. cn/2022-08/02/c_166106651561 3920. htm.

杭州市卫生健康委员会等五部门关于印发《关于深入推进医疗健康与养老服务相结合的实施意见》的通知. (2021-06-03)[2022-09-11]. http:// www. hangzhou. gov. cn/art/2021/6/3/art_1229063383_1724081. html.

李志勇.农业农村部：开展新一轮农村宅基地制度改革试点.经济参考报,2021-09-01(A02).

丽水市人民政府办公室关于印发丽水市全面做实基本医疗保险市级统筹实施方案的通知.(2021-11-23)[2022-08-10].http://www.lishui.gov.cn/art/2021/11/23/art_1229283446_2376299.html.

梁素梅,李宁.基层社会数字治理标准化的初探与深化——以浙江省为例.中国标准化,2022(15):141-145.

刘晓洋.大数据驱动公共服务供给的变革向度.北京行政学院学报,2017(4):73-79.

卢振东,苏保涛.浙江答卷四·"企业码"数字化驱动实现助企"码"上服务.中国中小企业,2022(7):21-24.

宁波市镇海区经信局.化工产业大脑：贯通化工产业"四链".信息化建设,2022(5):20-22.

数字化改革术语定义:DB33/T 2350—2021.浙江省市场监督管理局,2021.

数字农合联打造为农服务新模式喜获"2021 年度浙江省改革突破奖"铜奖.(2022-02-12)[2022-07-09].https://mp.weixin.qq.com/s?__biz＝MzI5NTAxMDg3Mw＝＝&mid＝2649029685&idx＝1&sn＝cd90b1f0939585b993c9edf1a6e69536&chksm＝f44a4b63c33dc2752530d6e506955c55d8dc1bac0215c5012f22b49afa1940186e080da6c8a2&scene＝27.

数字中国发展报告发布 浙江数字化综合发展水平全国第一.浙江日报,2022-08-05(2).http://zjrb.zjol.com.cn/html/2022/08/05/content_3576346.htm?div＝-1.

宋维尔,方虹旻,杨淑丽.基于"139"理念的浙江未来社区建设模式研究.建设科技,2020(23):16-21.

台州市人民政府办公室关于印发台州市全面做实基本医疗保险市级统筹实施方案的通知.(2021-12-10)[2022-08-10].http://www.zjtz.gov.cn/art/2021/12/10/art_1229564401_1663113.html.

温州召开应急管理数字化改革推进会 6 大项目获评优秀场景.(2021-

11-27)［2022-07-09］. http：//news. 66wz. com/system/2021/11/27/10542 0929. shtml.

习近平. 不断做强做优做大我国数字经济. 求是,2022(2)：4-8. http：// www. qstheory. cn/dukan/qs/2022-01/15/c_1128261632. htm.

习近平. 国家中长期经济社会发展战略若干重大问题. 求是,2020(21)： 4-10. http：//www. qstheory. cn/dukan/qs/2020-10/31/c_1126680390. htm.

习近平:实施国家大数据战略加快建设数字中国.(2017-12-09)［2022- 08-09］. http：//jhsjk. people. cn/article/29696290.

习近平:抓好各项改革协同发挥改革整体效应 朝着全面深化改革总目 标聚焦发力.(2017-06-27)［2022-08-25］. http：//jhsjk. people. cn/ article/29364295.

习近平在浙江考察时强调 统筹推进疫情防控和经济社会发展工作 奋 力实现今年经济社会发展目标任务.(2020-04-01)［2022-07-09］. http：// jhsjk. people. cn/article/31657786.

徐震."绿水青山就是金山银山"的浙江探索. 光明日报,2015-06-19(11).

姚伊乐. 绍兴开启数字"无废"之路. 中国环境报,2020-09-11(6).

以数字化改革为牵引迈向数字文明新时代! 袁家军在 2021 年世界互 联网大会开幕式上致辞.(2021-09-26)［2022-04-21］. https：//zjnews. zjol. com. cn/gaoceng_developments/yjj/zxbd/202109/t20210926_23147794. shtml.

以浙江先行先试为全国实现共同富裕探路! 浙江省委这样部署.(2021- 07-18)［2022-09-11］. https：//zjnews. zjol. com. cn/gaoceng_developments/yjj/ zxbd/202107/t20210718_22814469. shtml.

于山,汪耘. 衢州谋划"八个新突破". 浙江日报,2021-08-19(1).

袁家军. 以习近平总书记重要论述为指引 全方位纵深推进数字化改 革. 学习时报,2022-05-18(1). http：//paper. cntheory. com/html/2022-05/ 18/nw. D110000xxsb_20220518_1-A1. htm.

袁家军:加快全面贯通 推进特色改革 扎实推动数字化改革取得标志 性成果.(2021-10-11)［2022-07-21］. https：//zjnews. zjol. com. cn/gaoceng_ developments/yjj/zxbd/202110/t20211011_23205789.shtml.

袁家军:聚焦特色 一县一策 超常规推动山区26县高质量发展共同富裕.（2021-07-19）［2022-09-10］.https://zjnews.zjol.com.cn/gaoceng_developments/yjj/zxbd/202107/t20210719_22819284.shtml.

袁家军:全面推进数字化改革 努力打造"重要窗口"重大标志性成果.（2021-02-18）［2022-07-21］.https://zjnews.zjol.com.cn/gaoceng_developments/yjjbdj/202102/t20210218_22130432.shtml.

袁家军:系统迭代 整体提升 加快打造数字化改革"硬核"成果.（2021-08-24）［2021-10-21］.https://zjnews.zjol.com.cn/gaoceng_developments/yjj/zxbd/202108/t20210824_22995250.shtml.

袁家军:勇立潮头 塑造变革 加快打造数字化改革标志性成果.（2021-12-27）［2022-07-09］.https://zjnews.zjol.com.cn/gaoceng_developments/yjj/zxbd/202112/t20211227_23562336.shtml.

袁家军:纵深推进数字化改革 为高质量发展建设共同富裕示范区提供强劲动力.（2022-02-28）［2022-07-09］.https://zjnews.zjol.com.cn/gaoceng_developments/yjjbdj/202202/t20220228_23872160.shtml.

浙江省人民政府办公厅关于加快"企业码"建设和应用构建全天候全方位全覆盖全流程服务企业长效机制的意见.（2021-01-07）［2022-08-11］.https://www.zj.gov.cn/art/2021/1/7/art_1229019365_2225605.html.

浙江省数字经济促进条例.（2020-12-24）［2022-08-11］.http://jxj.jinhua.gov.cn/art/2022/5/11/art_1229278699_58876876.html.

浙里改.以数字化改革驱动实现"两个先行".浙江日报,2022-08-15(1).http://zjrb.zjol.com.cn/html/2022-08/15/content_3578586.htm?div=-1.

中共浙江省委全面深化改革委员会.浙江省数字化改革总体方案.（2021-03-01）［2022-10-11］.http://www.anji.gov.cn/art/2021/5/24/art_1229518590_3811887.html.

中华人民共和国国民经济和社会发展第十四个五年规划和2035年远景目标纲要.（2021-03-13）［2022-04-13］.http://www.xinhuanet.com/politics/2021lh/2021-03-13/c_1127205564.htm.

周伟国,周亦妮,张聪,等.德清县"宅富通"系统建设思路与实践探讨.中国农业信息,2022(3):81-89.

祝智庭,胡姣.教育数字化转型的本质探析与研究展望.中国电化教育,2022(4):1-8,25.